ESSAI
SYSTÉMATIQUE

Sur les causes efficientes des mouvemens tant des Planettes & des Cometes dans leurs orbites, que du Soleil.

Contenant 1º. l'exposition succincte du système de Newton sur ces objets, des objections a ce système.

2º. L'exposition d'un nouveau système, de nouveaux principes actifs, d'après les quels on peut donner d'une maniere fort naturelle, l'explication des divers phénomenes que présente l'harmonie céleste.

Par Mᵉ. FRANÇOIS

AMIENS,

De l'Imprimerie de F. CARON BERQUIER.

Se trouve,

Chez l'Auteur, Marché au Fil.

1750.

PRÉFACE.

IL y a déjà long-tems que j'ai conçu l'idée du nouveau syſtême que je préſente aujourd'hui dans cet ouvrage ; & ce n'eſt qu'àprès que de nombreuſes méditations m'ont affermi dans mon opinion, que je me ſuis enfin déterminé à prendre la hardieſſe d'attaquer le ſentiment de Newton ſur les cauſes efficientes des mouvemens des Planettes & des Comètes &c.

J'ai balancé pluſieurs fois avant que de prendre la plume, n'ignorant pas combien mon entrepriſe eſt audacieuſe, combien il faut favorablement préſumer de ſes opinions pour oſer les préſenter dans le point de vue ſous lequel je vais offrir les

A 2

miennes: auſſi ce courage de ma part
eſt-il moins le fruit de quelques méditations paſſageres, que la force de
la perſuaſion la moins équivoque.
Qu'un Philoſophe bien organiſé,
après avoir puiſé pendant dix luſtres
entiers paſſés dans l'étude de la nature, dans toutes les ſources des
connoiſſances humaines, blanchi
dans la contemplation des différens
phénomenes que préſente l'univers,
à cette époque de l'âge où les facul-
tés de l'ame parvenues juſqu'au point
le plus parfait de leur développe-
ment, dégagées des orages de la
jeuneſſe, triomphent dans toute
leur gloire, ſe hazarde d'attaquer
les préjugés éphémeres d'une ſeule
nation; il ſe vera traité de téméraire,
& avec une probabilité de raiſon.
Quel nom dois-je donc m'attendre à
recevoir aujourd'hui, moi qui ayant
à peine vu quatre luſtres, ne crainds
pas d'attaquer, je ne dirai plus les

préfugés d'une nation, mais les démonftrations du prince des philo-
lophes, de Newon : d'attaquer fon
fyftême, qui par l'admiffion générale
dont il a été honoré, eft devenu le
fyftême de différens fiecles, le fyftême de toutes les nations, enfin le
fyftême de tout l'univers favant,
que je femble compromettre avec
lui, fi j'ofe me fervir de ce terme,
dans la querelle que je lui fait en ce
jour. Ne devrais-je pas m'attendre à
être regardé comme le plus infenfé
des vifionnaires. Oui, Meffieurs, je
le fais, tel eft le fort qui femble
m'être réfervé, dont affurément vous
me jugez encore digne jufques à préfent. Mais je me flatte que vous chan-
gerez bientôt de fentiment, lorfque
vous aurez apprécié ma maniere de
confidérer le fyftême de Newton
dans les objections que je lui oppofe,
& l'ordre naturel de la marche que
je fuivrai dans le developpement des

phénomenes de l'univers ; j'espere
dis-je que la force de la vérité qui se
manifestera pour lors avos yeux,
aura des droits sur votre façon de
penser.

Newton a dit-on dérobé le secret
de la nature : sans cesser d'en avoir
toute l'estime que mérite un si grand
homme, je ferai voir que comme Descartes il nous a présenté des consé-
quences de commande, & que s'il a
réellement levé le rideau qui nous
voiloit les mystérieux ressorts de la
nature, il l'a déchiré, de sorte que
plusieurs lambeaux qu'il n'a pas en-
levé, la couvrant toujours enpartie,
l'ont empêché de la voir telle qu'elle
devoit naturellement lui paroître. Je
tacherai de lever du moins quelques
uns de ces lambeaux & de découvrir
les points qu'ils en déroboient a notre
vue. Je la ferai, pour ainsi dire, se
trahir elle - même dans les specula-

tions dont je vais vous offrir les ré-
fultats, & d'après lefquels j'attendrai
avec plaifir que vous décidiez lequel
du fyftême de Newton ou du mien,
peut offrir la plus véritable harmonie,
dont les accords avec ce que préfentent les phénomenes céleftes vous
engageront à prononcer en faveur
ou de mes efforts, ou des prétendues
démonftrations du philofophe anglois. Comme je ne ferai que l'organe
de la vérité & non le Créateur des
phénomenes qu'elle concerne, dont
je me propofe de traiter, quelques
puiffent-être les préfomptions que je
fens bien devoir s'élever de toutes
parts contre moi, elles ne fauroient
me déconcerter, n'y m'arreter dans
la carriere que j'entreprends aujour-
d'hui de parcourir. J'efpere au contraire qu'un peu de patience fuffira
pour me rendre les voix que le pré-
jugé aura d'abord pu m'enlever: ce
qui devra m'être d'autant plus agréa-

ble que de pareils suffrages ne sauroient assurément être que le fruit
de la réflexion.

PLAN DE CET OUVRAGE.

En tout point de connoissances
avant que de proposer un nouveau
système, il convient d'analiser les
opinions précédentes qui ont paru
sur le même sujet, pour faire voir
l'insuffisance des raisons qui les ont
fait admettre, si elles ont été reçues,
ou la validité de celles qui les ont
fait rejetter.

J'exposerai donc 1°. dans la premiere division de cet ouvrage, dont
je formerai deux parties distinctes,
un précis de la doctrine & du système
de Newton, sur la cause efficiente
du mouvement des Planettes & des
Cometes &c. 2°. je ferai suivre ce
précis des diverses objections, dont

je me propose de me fervir pour
combatre ce fyftême, & dont je
ferai autant d'articles féparés indé-
pendans les uns des autres.

La feconde partie que je n'ai pas
jugé exiger de foudivifion, préfen-
tera fucceffivement toute la fuite des
phénomenes céleftes, dont j'ai cru
devoir former un corps unique plus
convenable a l'harmonie qui regne
entr'eux. Cette harmonie qui devient
vifible par l'admiffion de mon fyftême fur la maniere de les expliquer,
ceffe d'avoir lieu fi on admet le fyftême de Newton, qui fe trouve a
chaque inftant forcé d'ifoler les phénomenes pour en trouver l'explication dans autant d'actes de la toute
puiffance du créateur. Je traiterai
également de chaque phénomene en
particulier, mais leurs explications
pour former des articles féparés, n'en
formeront pas moins toutes enfemble

un feul corps de connoiffances indi-
vifibles. Je pourai me permettre
quelques digreffions, en apparence
étrangeres a mon fujet, mais qui
auront néamoins avec lui des rapports affez naturels & même affez
néceffaires pour qu'elles deviennent
démonftratives en faveur de mon
fyftême, que j'accompagnerai de
l'expofition d'une expérience, que
je me perfuade devoir parpître
intéreffante.

ESSAI
SYSTÉMATIQUE

Sur les causes efficientes des mouvemens tant des Planettes & des Cometes que du Soleil.

PREMIERE PARTIE.

Du syſtéme de Newton.

LE ſyſtême de Newton ſur le mouvement des Planettes & des Cometes &c. ſemble avoir pour fondement les loix Aſtronomiques de Kepler, dont les démonſtrations ont précédé celles que ce philoſophe nous a données de ſon ſyſtême. Puiſque ce furent ces loix qui infpirerent a Newton l'idée de fon fyftême, & que lui ayant fervi dans fes démonftrations, elles me ferviront auffi dans les ob-jeftions que je lui oppoferai, & dans la démonftration de mon fyftême particulier, qui quadre très bien avec ces loix ; je n'ai pas cru inutile de les rappeller avant que d'entrer en matiere.

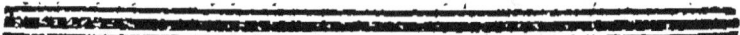

Des loix Aftronomiques de Kepler.

PREMIERE LOI.

TOUTE Planette ou Comete quel-conque borde toujours des aires égales en tems égaux, c'eft-à-dire que fi dans fon perihélie elle borde un triangle de deux cens milles d'aire, elle en borde également un autre de deux cens milles, dans le même efpace de tems, lors quelle parcourt fon aphélie.

SECONDE LOI.

Le quarré de la révolution d'une Planette ou Comete, eft toujours au quarré des révolutions des autres Planettes, comme le cube de fa diftance, eft au cube des diftances des autres Planettes, au centre commun.

C'eft d'après la connoiffance de ces loix que Newton éleva l'edifice de fon fyftême, dont il en fait en partie les fondemens. Il s'en fert avec un avantage apparent dans fes démonftrations que je ne rapporterai pas telles qu'il les a publiées, me contentant de donner un précis de la fubftance de fon fyftême, précis fuffifant cependant pour donner prife aux objections que je me propofe de lui oppofer.

Systéme de Newton.

SELON Newton les mouvemens
tant des Planettes que des Cometes
dans leurs orbites ont deux caufes
actives efficientes; favoir, premiérement, un mouvement d'impulfion
primitive qui leur a prétend-t'il été
communiqué par la main du créateur
au commencement du monde, par
le quel mouvement chacun de ces
coprs céleftes rend a fe mouvoir dans
l'efpace par une ligne droite. Secon-
dement, une attraction exercée par
le corps du Soleil, dont-elle a le
centre pour centre d'activité, vers le
quel elle dirige perpendiculairement
à fa furface, du moins à peu près,
les corps qui cedent a fon action,
dont l'énergie a lieu en raifon inverfe
du quarré des diftances a ce centre.
L'effet de cette attraction eft d'in-
fléchir à chaque inftant la droite que

doivent parcourir les Planettes en vertu de leur mouvement primitif, qui les éloigne du Soleil, de les rapprocher de cet astre autant qu'elles s'en éloigueroient par l'effort centrifuge résultant de ce mouvement rectiligne d'impulsion primitive. C'est de la combinaison de ces deux causes que résulte le mouvement ou la course elliptique des Planettes &c, ce qui a lieu en la maniere suivante voyez figure 1ere.

A Représente le Soleil généralement regardé comme le centre commun du mouvement de toutes les Planettes.

B Une Planette quelconque indifféremment, mais prenons pour exemple la terre.

B C D E L'orbite que parcourt cette Planette B, & qui dans l'hypothese ou cette Planette est la terre, fera l'écliptique.

Selon Kepler auteur de la loi astronomique que je viens de citer, en parcourant tout l'écliptique BCDE,

la terre B borde toujours en tems
égaux des triangles égaux en aire ,
c'eft-à-dire que la terre B met autant
de tems à avancer de B en C, bafe
du triangle allongé ABC, que pour
parcourir la ligne DE bafe du triangle
plus raccourci ADE, qui eft plus
longue que la ligne BC : de forte que
ces deux triangles font bordés en une
efpace de tems égal , quoiqu'ils foient
de largeur différente , comme il faut
néceffairement que cela foit pour
qu'ils puiffent être égaux en aire ,
felon les démonftrations de Kepler :
ce qui fuppofe une variation de viteffe dans les mouvement de la terre.

Newton après avoir médité , fans
doute, les phénomenes que préfente
cette variation de viteffe du mouvement des Planettes, crut avoir trouvé
la caufe efficiente de ce mouvement
dans une attraction exercée par le
corps du Soleil ; qui agit en raifon
inverfe du quarré des diftances de
cet aftre , & dans un mouvemen
de

de projection qui leur a été communiqué au tems de la création, combinés ensemble. Selon lui donc la terre B a reçu primitivement de la main du créateur une impulsion ou une tendance au mouvement, qu'il appelle mouvement de projection, mouvement qui selon la loi générale de l'inertie de la matiere, tend à l'emporter par le plus court chemin, qui est une ligne droite, de B en I, en l'écartant de l'écliptique BCDE de la distance I H, par un effet du mouvement d'impulsion qu'il appelle effort centrifuge ; mais comme cette terre B en même tems qu'elle est emportée par la force projectile de B en I, reçoit l'action de l'attraction exercée par le corps du Soleil, qui l'entraînant vers cet astre l'en rapproche de l'espace I H, tandis qu'elle parcourt la ligne B I ; Il résulte des effets combinés de ces deux forces de projection & d'attraction, que la terre au lieu de parcourir la ligne BI, par-

B

court une ligne mixte BH.

Selon la loi démontrée de Kepler les Planettes bordent en décrivant leurs ellipses des aires égales en tems égaux ; d'où il résulte clairement que la terre avance dans l'écliptique avec différens degrés de vitesse selon les differens arcs qu'elle en parcourt. Elle avance beaucoup plus rapidement dans son perihélie, par exemple, ou les triangles qu'elle borde doivent-être beaucoup plus élargis, pour égaler en aire ceux qu'elle borde en son aphélie, en des tems égaux, qui se trouvent beaucoup plus allongés, doivent conséquemment être aussi beaucoup plus retrécis. Ce phénomene s'accorde très bien, en apparence du moins, avec le système de Newton qui en donne l'explication. Ce prince des physiciens ayant calculé les différens dégrès de vitesse des Planettes, trouva que cette vitesse de leur mouvement projectile se trouve d'autant plus rallentie, qu'elles

se meuvent dans un plus grand éloignement du Soleil, qu'elles éprouvent de son attraction, qui agit en
raison inverse du quarré des distances,
une action moins énergique, qui les
attire avec moins de force & de vitesse vers cet astre. D'où il résulte,
selon lui, une combinaison de l'attraction & du mouvement d'impulsion primitive, qui forme la cause
qui entretient l'équilibre des Planettes dans leurs orbites, les empê-
chant de se précipiter sur le Soleil en
vertu de l'attraction qu'il exerce sur
elles, ou de s'en éloigner plus qu'elles
ne doivent en vertu de l'effort centrifuge.

De cette sorte la terre dans son
aphélie en O, ou elle parcourt l'arc
OQ, dans un espace de tems égal a
celui qu'elle emploie à parcourir l'arc
BH, n'est attirée par le Soleil, dont
elle se trouve dans ce cas plus éloignée, qu'avec une force capable de
la retirer vers lui de l'espace que me-

sure la ligne PQ, dont-elle se seroit précisement éloignée du point Q, par l'effort centrifuge qui résulte de son mouvement projectile. D'où il suit que la terre doit dans ce cas parcourir l'arc OQ, pour la même raison qui lui à fait parcourir en un même espace de tems l'arc BH.

Dans son perihélie au contraire, la terre se meut plus vite, son mouvement d'impulsion primitive ayant, sans doute, plus d'énergie dans ce tems-là. L'effort centrifuge résultant de ce mouvement tend à l'éloigner plus rapidement du Soleil; mais l'attraction qui agit en raison inverse du quarré des distances, se trouve proportionnellement plus puissante, la terre étant plus près du Soleil, agit plus énergiquement sur ce globe, l'attire vers son centre d'activité avec plus d'efficacité, tend à la précipiter sur le Soleil avec une rapidité augmentée dans la même proportion que celle de l'effort centrifuge; de ma-

niere que ces deux effort s'entrede-
truisant encore également, comme
dans le premier cas, il en résulte encore un équilibre pour la Planette,
qui se trouve dirigée dans son orbite
par ces deux efforts, sans céder ni à
l'un ni à l'autre quoi qu'obéissant à
tout deux.

Voici, je crois, une esquisse assez
vraie de la substance du système de
Newton sur la cause efficiente du
mouvement des Planettes, & de leur
direction dans leurs orbites autour du
Soleil. Je ne me suis pas piqué de
rapporter l'ordre que ce grand
homme a suivi dans ses calculs &
ses démonstrations; car cela m'auroit
inutilement entraîné dans une carriere trop étendue pour ne pas devenir ennuieuse n'étant point nécessaire.
Je dis inutilement, car il n'est point
du tout entré dans mon dessein de
revoquer en doute la précision de ses
calculs, ni l'exactitude de ses opérations géométriques que j'admets, n'é-

tant peut-être pas assez bon géometre
pour les apprécier. Mais ce que je ne
puis admettre, ce sont les consé-
quences que Newton a déduites de
ses calculs &c. qui ne me paroissent
point devoir nécessairement être une
suite indivisible de leurs résultats,
comme ce philosophe semble le vouloir persuader. Ce sont elles qui ont
donné naissance aux doutes qui s'é-
levent dans mon esprit contre ce sys-
têmе, qui m'empêchent de le pouvoir admettre sans un scrupule phi-
losophique, & m'ont fait concevoir
l'idée de cet ouvrage dans lequel je
me propose de leur opposer des objections, qui ne porteront que contre
l'hypothétique du systême de Newton : car je le repéte ce ne sont point
ses calculs que je prétends attaquer,
ne croyant pas pouvoir trop admirer
la sagacité exquise avec laquelle ce
génie sublime en a fait une application si harmonieuse en apparence,
aux diverses branches de la physique:

de ſorte que je m'écrierois encore volontier, ſi des remords ne meſermoient la bouche, dans le même tranſport que l'un de ſes ſectateurs les plus zelés, M. de Voltaire.

Nec propius fas eſt mortali
attingere divos.

Je paſſe ſous ſilence les démonſtrations que l'on prétend réſulter en faveur du ſyſtême de Newton, de l'ordre que ſuivent dans leurs diverſes viteſſes de mouvement, chacunes des Planettes dans leurs cours; car outre que les déductions qu'on en tire ne m'ont pas paru abſolument concluantes, ni démonſtratives de la combinaiſon de l'attraction avec le mouvement d'impulſion primitive, comme on la toujours penſé, elles perdront évidemment toute leur valeur, dès qu'une fois l'impoſſibilité de cette combinaiſon ſera démontrée. D'ailleurs comme elles me ſerviront de démonſtrations de mon ſyſ

tême, je pourai avoir occasion d'en-
traiter dans son exposition d'une
maniere plus satisfaisante que je ne
le saurois faire présentement : c'est
pourquoi je vais passer tout de suite
à mes doutes sur le systême de New-
tan, & aux objections qui en sont
les résultats, que je présente dans le
même ordre qu'elles ont reçu du
hazard en se présentant a mon
esprit.

Doutes sur le systême de Newton.

SELON Newton le mouvement des
Planettes dans leurs orbites autour
du Soleil, est le résultat de la combinaison d'un mouvement projectile
en ligne droite, qui a été commu-
nique dès la création de l'univers à
chaque corps céleste par la main du
créateur, avec une attraction exercée par la masse du Soleil, qui ayant
la propriété de détourner ces corps
de la ligne droite que leur feroit décrire

crire l'impulsion primitive, leur fait décrire des courbes elliptiques. C'est cette combinaison qui fait l'objet de mes doutes. Elle seule devenue l'objet de mes réflexions & de mes recherches forme l'édifice que mes objections tendent à détruire, & le sujet qui m'a fourni la matiere dont je vais composer ce petit ouvrage.

Premiere Objection.

LE mouvement projectile ou l'impulsion primitive que Newton donne comme une des causes efficientes du mouvement des Planettes &c. me semble ne pouvoir être régardé comme tel, c'est-à-dire, comme concourant réellement à opérer ce phénomene, s'il ne peut le faire sans répugner aux loix du mouvement les mieux démontrées, & si son admission fait entrer Newton en contradiction avec lui même ; ce qui se

C

trouve réellement avoir lieu. Premiérement, dans l'hypothese ou un
mouvement de projection ou d'impulsion primitive, contribueroit à la
circulation des Planettes dans leurs
orbites, il répugneroit aux loix de la
méchanique. Ce mouvement répugneroit a la loi résultante de l'inertie de la matiere, selon laquelle
loi un corps une fois mis en mouvement par une cause quelconque, per-
severe dans cet état, jusqu'à ce qu'il
en soit retiré par l'action d'une nouvelle cause, c'est-à-dire, qu'il ne
peut ni cesser de se mouvoir, ni augmenter ou diminuer la quantité ou la
vitesse de son mouvement; car ce
mouvement d'impulsion primitive,
ayant lieu, selon l'hypothese de
Newton, dans le vuide parfait ou il
ne trouve aucune cause d'augmentation ou de diminution de vitesse,
selon la loi ci-dessus, devroit présenter pendant tout le cours de ces astres
des effets uniformes, en les faisant

toujours avancer dans leurs orbites
avec une semblable & même vitesse,
leur faire border non des aires égales
en tems égaux, comme il en arrive
d'après les démonstrarions de Kepler,
mais des arcs égaux en tems égaux.
Ceci est on ne sauroit plus évident,
puisque le mouvement ou la force
d'impulsion primitive n'ayant eu lieu
qu'à la création, doit nécessairement
ou se conserver uniforme ou se détruire de plus en plus. Or les Planettes sont bien éloignées de suivre
la marche uniforme que produiroit
indispensablement dans leurs révolutions un mouvement d'impulsion primitive ; elles présentent au conttaire
différens dégrés de vitesse dans leur
gradation ; ce qui suppose des causes
d'augmentation & de diminution de
vitesse, qui ne peuvent se trouver
dans un mouvement d'impulsion primitive. Ce ne peut donc être un
mouvement d'impulsiion primitive
qui les dirige, & pour admettre le

ſyſtême de Newton, il faut de toute
néceſſité réjeter ou la loi de Kepler
qui eſt trop bien démontrée, admiſe
ſur de trop bons fondemens pour
pouvoir être révoquée en doute, ou
la loi du mouvement que je viens de
citer, qui emporte avec elle ſa dé-
monſtration.

En ſecond lieu le mouvement
d'impulſion primitive, dans l'hypo-
theſe ou il dirigeroit les Planettes
dans leur cours, fait entrer Newton
en contradiction avec lui - même,
comme je l'ai dit; puiſque s'il n'eſt
pas proprement l'inventeur de la loi
du mouvement dont je viens de
parler; il a du moins la gloire de
l'avoir fait paroître dans un très-beau
jour.

Seconde Objection.

NEWTON pour la validité de son
systême, a besoin de supposer que
les Planettes se meuvent dans l'espace
pur & dans un vuide parfait, qu'il
est absolument nécessaire d'admettre,
pour concevoir la possibilité, je ne
dirai pas réelle, mais apparente de
ce systême. Que doit-on donc en
penser, si ce vuide parfait, cet espace
pur reste sans démonstration, si dis-je
encore plus, il se trouve démontré,
d'après les principes de Newton
même, que ce vuide n'a pas lieu,
c'est ce dont on va juger.

D'abord l'hypothese du vuide est
sans démonstration, puisque Newton
ne peut en prouver l'existence, qu'en
prenant pour principe d'une vérité &
d'une certitude reconnue, l'hypothese du mouvement d'impulsion
primitive, qui est bien éloignée d'a-

voir cette qualité, & qui bien loin
d'être démontrée incontestable, n'a
pu par conséquent devenir le principe
d'une semblable démonstration. Or
cette hypothese du mouvement d'impulsion primitive, ne peut nullement
avoir de valeur ni en réalité ni en apparence, qu'on ne suppose l'existence
du vuide parfaitement démontrée.
Cette existence du vuide n'est pas
démontrée, puisqu'elle ne l'est que
par l'hypothese de l'impulsion primitive, ce qui est ne l'être pas.
Desorte que Newton démontre l'existence du vuide par l'hypothese de
l'impulsion primitive, sans avoir démontré cette hypothese; & ensuite
il prétend démontrer l'impulsion primitive par le vuide, aussi sans avoir
démontré le vuide; ce qui présente
deux propositions hypothetiques démontrées l'une par l'autre; d'où il
me paroit résulter non un raisonnement phylosophique, mais un cercle;
qui est, dit Jean-Jacque Rousseau,

le plus vicieux de tous les raissonne-
mens & ne conclud rien.

En second lieu comment pourra-
t-'on encore croire à ce systême, si
l'on prouve que le vuide n'a pas lieu,
si c'est Newton qui le prouve, en
se réfutant par conséquent lui-même.
Or ceci a encore lieu ; car il est évident que le vuide ne peut avoir lieu,
s'il est bien vrai, & je ne crois pas
que personne en puisse douter de
nos jours, que la lumiere est de la
matiere, & de la matiere qui j'aillit
des corps lumineux : car il est ou ne
sauroit plus clair que la lumiere étant
de la matiere & ses particules des
corps, le vuide de Newton doit être
rempli de ces corps ; puisque cette
lumiere pour peindre à chaque point
de l'espace, pour ainsi dire, les
images de tous les corps célestes dont
elles j'aillit, doit nécessairement tra-
verser les espaces qui séparent les
astres de ces points, se croiser en la
traversant en mille & mille manieres

différentes, & remplir je ne dirai
pas tout à fait, mais en partie les
vuides de ces espaces. Les espaces
dans lesquels se meuvent les Planettes autour du Soleil ne peuvent
donc être des vuides parfaits comme
il conviendroit que cela soit pour la
validité du système de Newton. Le
vuide Newtonien est donc absurde.
Effectivement il ne peut y avoir, les
choses étant ainsi, de vuide réel &
d'espace pur, que dans l'ombre ou
l'obscurité parfaite, & cette obscurité parfaite ne peut se trouver dans
les espaces que parcourent les Planettes &c. ce ne peut donc être un
mouvement d'impulsion primitive
qui dirige les Planettes dans leurs
cours : car quelque petite qu'on puisse
supposer la resistance qu'éprouvent
les astres dans les espaces qu'ils parcourent, il est tout naturel que cette
résistance auroit dû produire quelques dérangemens dans l'ordre qu'on
leur voit si régulierement observer

depuis le commencement du monde.

Enfin c'est Newton lui-même qui prouve qu'il n'existe point de vuide semblable à celui qu'il avoit admis pour la validité de son systême sur la cause efficiente du mouvement des astres ; puisque c'est lui qui a démontré que la lumiere est de la matiere qui jaillit des corps lumineux & visibles ; desorte que les espaces dans lesquels se meuvent les Planettes se trouvent toujours remplis de la matiere de la lumiere, sinon de quelqu'autre matiere encore, telle qu'un esprit ou fluide subtile, comme celui qu'on soupçonne être le principe de l'attraction ; ou quelque matiere éthérée telle que celle qu'aiment encore à supposer dans l'espace une infinité de physiciens de nos jours, qui célebrent encore avec autant de plaisir que d'entousiasme, tant dans leurs écrits que dans leurs discours les fameuses régions éthérées.

Troisieme objection ou démonstration.

QUAND bien même le mouvement projectile ou d'impulsion primitive ne répugneroit pas aux loix de la mécanique, mais seroit susceptible par sa nature & son essence, de toutes les modifications qui lui sont nécessaires pour pouvoir concourir à opérer le mouvement des Planettes dans leurs orbites, comme, par exemple, susceptible de se rallentir de lui même, de recouvrer ensuite toute sa vitesse premiere. Quand bien même le vuide dont l'absurdité est surement trop évidente à présent pour être revoquée endoute, existeroit ; il n'en seroit pas moins aisé de faire voir, que ce mouvement n'est pas propre à opérer le mouvement des Planettes, & que sa prétendue combinaison avec l'attraction pour leur direction est au moins chimérique. Voyez figure 2e.

Soit A le Soleil, B une Planette quelconque dans ſon pétihélie, dont l'orbite eſt BCDE. Cette Planette B jouit en B de ſa plus grande viteſſe de mouvement. Elle perd de cette viteſſe a meſure qu'elle avance de B en C. Elle en perd encore lorſqu'elle va de C en D ou elle ſe trouve dans ſon aphelie jouiſſant de ſa moindre viteſſe. Voici, je crois, le ſentiment de Newton & ce que démontre Kepler. Suppoſons que cette Planette B ſe meuve en B préciſement avec une viteſſe ſuffiſante pour que l'effort centrifuge égale & compenſe la force centripete réſultant de l'attraction, ce qu'il faut néceſſairement ſupporſer pour qu'elle puiſſe paſſer par ce point de ſon aphélie. Cette Planette par l'équilibre de ces deux efforts qui s'entredetruiſent mutuellement & tout à fait, doit donc ſe mouvoir ſans céder n'y a l'un n'y à l'autre de ces efforts, conſéquemment ſans s'approcher ni s'éloigner du Soleil, en décrivant des arcs dont il seroit le centre, jusqu'à ce qu'une nouvelle cause agissante vienne rompre cet équilibre, soit en faveur de l'effort centrifuge, soit en faveur de l'effort centripete, cela est évident. S'il ne se présente aucune cause de rupture d'équilibre, il faut nécessairement que la Planette B, conserve toujours le même équilibre, sans céder n'y à l'un n'y à l'autre des efforts ci-dessus mentionnés & décrive dans son mouvement autour du Soleil, non une ellipse, mais un cercle régulier, dont cet autre sera non plus l'un des foyers, mais bien le centre réel également distant de tous les points de la courbe que décrit la Planette B. je suppose ici que cette Planette se meuve toujours avec la même vitesse ; car sans cela il en arriveroit tout autrement, comme on va le voir.

Apréfent puisqu'il faut une cause de rupture d'équilibre, cherchons cette cause. Considérons donc quels phénomènes présente la Planette B en avançant de B en C. La Planette B à chaque point qu'elle parcourt ou plutôt qu'elle dépasse, perd selon la loi de Kepler une partie de sa vitesse, & selon Newton une partie de son effort centrifuge proportionné a la perte de sa vitesse. La rupture d'é-quilibre puisqu'il en arrive ainsi, selon Kepler, & selon Newton sur-tout dont le témoignage ne doit point être suspect, a donc lieu en faveur de l'attraction, qui devient plus puis-sante par la déperdition qu'à éprouvé l'effort centrifuge, & doit donc diri-ger la Planette a son préjudice, non plus en lui faisant décrire un cercle parfait, encore moins en lui faisant décrire l'arc elliptique BC, qui éloi-gnant cette Planette du Soleil sup-poseroit que la rupture d'équilibre s'est faite en faveur de l'effort cen-trifuge devenu supérieur, ce qui ne peut nullement être, puisque la Pla-

netté perd de sa vitesse de mouvement; mais en lui faisant parcourir
une spirale rentrante, & en la faisant
tomber sur le Soleil, par une suite
inévitable de la rupture d'équilibre une
fois établie : de cette sorte si le systême de Newton eut été réellement
le vrai mécanisme de la nature, il y
auroit long-tems que notre monde
planettaire ne seroit plus qu'un in-
forme cahos.

Si pour valider ce système on vouloit supposer que la rupture d'équilibre se fit en faveur de l'effort centrifuge, il arriveroit tout le contraire de ce que je viens de dire, &
la Planette B, s'éloigneroit de plus
en plus par une spirale dont les orbes
se trouveroient devenir de plus en
plus grandes : car une fois cet équilibre rompu, on ne peut trouver aucune cause propre à le rétabir. Et
dans cette hypothese il y auroit af-
surément des siecles, que les Planettes
après s'être enfuies de la sphere d'ac-

tivité de l'attraction folaire, qui a probablement des bornes, par l'effet de cette rupture d'équilibre, abbandonnées a la feule force d'impulfion, parcourroient des droites fans fin dans l'efpace, ou qu'elles auroient été fe précipiter en défordre les unes fur les autres en vertu des attractions particulieres dont font douées chacune d'entrelles. D'ailleurs une telle hypothefe répugneroit abfolument à la faine raifon; car, d'abord il eft de toute impoffibilité de la déduire d'un plus puiffant effort centrifuge, qui ne pouroit être que le réfultat d'une plus grande viteffe de mouvement projectile; puifque le mouvement des Planettes fe rallentit au lieu d'augmenter. En fecond lieu comment la trouver dans un affoibliffement d'énergie de l'attraction ou de la force centrifuge; il faudroit pour cela fuppofer ou un affoibliffement général paffager dans l'activité du Soleil; ou une différence dénergie

attraCtive dans les diverses parties de
sa surface. Je ne vois pas que l'une
n'y l'autre de ces hypotheses puisse
jamais être admise. Les effets journa-
liers de cet astre sur notre terre &
sur nos individus me semblent presque demonstratifs du contraire de la
premiere hypothese. Quant a le seconde il suffit de connoître la révolution du Soleil sur lui-même autour
de l'un de ses diametres qu'on peut
appeller axe pour être persuadé quelle
est absolument absurde & inadmis-
sible. Enfin on pouroit supposer que
l'affoiblissement d'énergie attraCtion-
nelle a lieu non pour l'attraCtion du
Soleil, mais pour l'attraCtion de la
terre & des autres Planettes. Qu'on
admette encore si l'on veut cette
hypothese quelque peu raisonnable
& fondée qu'elle puisse être, n'ayant
aucune preuve; en seroit-on plus
avancé, non, sans doute; car elle ne
peut porter atteinte aux objeCtions
précédentes qui resteroient encore à
détruire.　　　　　　　*Quatrieme*

Quatrieme Objection.

ON peut aussi établir la même objection d'une maniere inverse, d'a-
près la considération de la Planette
B dans son aphelie en D où elle se
meut avec la moindre vitesse dont
elle jouit dans toute sa révolution.
Qu'on suppose, comme je l'ai supposé précédemment, que cette Planette B se meut en D avec une vitesse précisement suffisante pour que
l'effort centrifuge résultant de son
mouvement de projection, égale &
compense en le détruisant exactement, l'effort centripete qui résulte
pour elle de l'attraction du Soleil.
Cette supposition est évidemment
nécessaire & indispensable. Si cette
planette qui est en D continue de
se mouvoir avec une même vitesse,
elle doit toujours se mouvoir de la
même maniere & décrire non une

courbe elliptique en se rapprochant
du Soleil, comme elle fait, mais une
courbe circulaire dont tous les points
seroient à égales distances de cet
astre, qui pour lors en seroit le centre : puisque l'équilibre dans le quel
elle se trouvoit en D subsistant toujours, il n'est aucune cause qui puisse
& lui faire changer sa route & le
mode de sa marche. Si au contraire
on suppose que cette Planette au lieu
de conserver la même vitesse de mouvement, perd successivement une partie
de cette vitesse, comme cela arrive
effectivement, on concevra facilement qu'en perdant une partie de sa
vitesse, elle perd aussi en même tems
une partie proportionée de la vitesse
de l'effort centrifuge qui l'emporte
en l'eloignant du Soleil, que de cette
perte qu'eprouve l'effort centrifuge,
il en résulte une rupture d'équilibre
entre cet effort & l'effort centripete,
qui a lieu en faveur de ce dernier,
dont la supériorité se trouve propor-

tionnée à la perte du premier, de la
quelle rupture d'équilibre il doit évidemment s'ensuivre que la Planette
B parcourera non un cercle, comme
cela devroit arriver, les deux forces
centrifuges & centripetes étant en
équilibre; mais une courbe spirale
rentrante, dont on pouroit peut-être
former une moitié d'ellipse DEB,
mais pas plus; car l'équilibre une
fois rompu entre les efforts centrifuges & centripetes, il ne pouroit se
rétablir sans une cause active nouvelle,
la quelle cause active nouvelle on
ne peut trouver dans aucune hypothese, comme je viens de le faire
voir. De cette sorte da Planette B
continuant de se mouvoir spirale-
ment, finiroit bientôt sa course en
tombant sur la surfce de cet astre. On
pouroit encore recourir ici à l'hypothese dont j'ai parlé précédemment,
c'est-à-dire a une variation d'énergie
dans l'attraction du Soleil ou des Planettes; mais comme j'en ai je crois

fait voir assez clairement le peu de fondement, je me contente d'y renvoyer.

Si la Planette B au lieu de rallentir sa marche en avançant de D vers E, se trouve au contraire se mouvoir avec une vitesse de plus en plus rapide, comme il en arrive effectivement, puisque les Planettes se meuvent de plus en plus vitte en passant de leur aphélie à leur périhélie; il est tout clair que la rupture d'équilibre entre l'effort centripete & l'effort centrifuge, doit avoir lieu en faveur de ce dernier, qui deviendra d'autant plus puissant que l'augmentation de vitesse sera plus considérable. Pour lors cette Planette s'éloignant d'avantage du Soleil, en vertu de la plus grande rapidité de l'effort centrifuge qui l'emporte, qu'elle n'en est rapprochée par la moindre vitesse de l'effort centripete devenu inférieur, décrira dans son cours, non une courbe circulaire,

qui, comme on vient de le voir suppose l'équilibre parfait entre les efforts centrifuge & centripete; encore
moins la courbe DE par la quelle la
Planette se rapprocheroit du Soleil,
ce qui supposeroit que la rupture d'é-
quilibre auroit lieu en faveur de l'effort centripete, tandis qu'au contraire elle se trouve avoir lieu a son
désavantage; mais une courbe spirale par la quelle elle s'éloigneroit de
plus en plus du Soleil, & le fuiroit
pour jamais, pour aller voyager pendant toute l'éternité peut-être, dans
l'espace en décrivant une ligne droite,
dès qu'une fois elle auroit quitté la
sphére d'attraction solaire, ou se précipiter sur quelqu'autre corps d'astre
dans d'autres mondes.

Objections diverses.

ABSTRACTION faite de toutes les
contradictions que l'on vient de voir
dans le fyftême de Newton, que ce
fyftême foit effectivement le fecret
de la nature pour la mouvement des
Planettes & des Cometes. Que ces
Planettes &c. foient en conféquence
dirigées dans leur courfe par un mouvement d'impulfion primitive, qui
leur aura été communiqué par la
main du créateur au commencement
du monde, par l'équilibre parfait des
deux efforts centripete & centrifuge;
que les lois du mouvement qui démontrent l'impoffibilité de la combinaifon du mouvement projectile
avec l'attraction foient fauffes. Je ne
pourai cependant m'empêcher d'é-
lever des doutes, d'ofer même les
découvrir en demandant.

1º. Pourquoi les Planettes n'étant

dirigées dans leur cours que par un
mouvement d'impulsion primitive,
dont la combinaison avec l'attraction
produit un équilibre parfait entre
l'effort centripete & l'effort centrifuge, qui les maintient en l'ordre
dans lequel nous leur voyons faire
leurs révolutions; pourquoi, dis-je,
cet équilibre n'est-il pas détruit par
l'attraction dont jouissent séparement
chacune des Planettes, & tellement
d'étruit que l'ordre de leur circulation en soit entiérement renversé,
au lieu d'être seulement un peut dé-
rangé; puisque cet équilibre une fois
rompu comme il en doit arriver dans
ces dérangemens, il n'y a aucune
cause de rétablissement. Pourquoi,
par exemple, deux Planettes voisines
telles que la terre & mars venant à
se trouver à leur plus grande proximité, ne se précipitent pas mutuellement l'une vers l'autre, par une
suite de la secousse qu'elles se doivent donner, lors qu'elles viennent

à entamer réciproquement les sphéres, d'activités de leurs attractions propres. L'équilibre entre les efforts centrifuges & centripetes ne doit-il pas être détruit. L'effort centrifuge devenu plus efficace pour la terre, étant augmenté de toute l'attraction qu'elle reçoit de plus du corps de mars, doit vaincre l'effort centripete, & la précipiter vers cette Planette en l'éloignant du Soleil. Mars au contraire pour qui l'effort centrifuge est augmenté de toute l'attraction qu'exerce sur lui le corps de la terre, sans que son effort centrifuge le soit en aucune maniere, doit se précipiter en vertu de cette supériorité de la force centripete vers la terre, en se rapprochant du Soleil, & ainsi des autres Planettes lors qu'elles se trouvent dans les même circonstances.

2°. Pourquoi les Cometes qui dans le cours de leurs étonnantes révolutions, se trouvent différentes fois entamer les sphéres d'activité des attractions.

tions des Planettes, qui entament auffi réciproquement les leurs, n'e-prouvent pas le même fort, pour les mêmes raifons que je viens d'ex-pofer & qui me femblent trop évi-dentes pour fouffrir quelque doute.

3°. Pourquoi les Cometes qui, felon Newton, font emportées & di-rigées dans leurs révolutions autour du Soleil, par les mêmes caufes actives & efficientes de mouvement, qui animent les Planettes, décrivent elles des éllipfes fi excentriques au Soleil, & fi allongées au lieu d'en décrire de femblables à celles des Planettes, comme cela devroit arriver; puif-qu'une même combinaifon de mêmes caufes, doit néceffairement toujours produire de femblables effets.

4°. Pourquoi les Cometes avan-cent'elles avec plus de viteffe dans leurs orbites, lors qu'elles fe trouvent à portée de quelques Planettes; quelle eft la caufe de cette accéléra-tion de mouvement? peut-on fup-

E

poler que ce soit un effet de leur impulsion primitive? Que peut-on penser en physicien d'une semblable ré-
surrection?

Enfin pour terminer des objections
qui n'ont plus besoin je crois, d'être
multipliées. Pourquoi la nature ne
nous offre-t'elle qu'un seul exemple
d'une régularité si severe & si rigou-
geuse dans les jeux des causes agis-
santes qu'elle emploie? Pourquoi cette
nature si peu reguliere dans toutes
ses productions, j'en atteste Newton
lui-même, qui en a fait la remarque,
devient-elle dans le phénomene du
cours des astres, d'une régularité si
exacte qu'elle se montre par-là miraculeuse & conféquemment impoſ-
sible? Car effectivement il faudroit
pour que le mouvement des astres
puisse-être le résultat d'une combinaison de l'attraction avec le mouvement projectile prétendu de Newton:
il faudroit dis-je que cette combinaison fut d'une justesse admirablement

précise ; puisque le moindre défaut de justesse romproit nécessairement dans ce cas comme dans tous les autres, l'équilibre qui tient toujours a si peu de chose : or une telle justesse, une telle précision me paroît absolument miraculeuse, c'est-à-dire, incompatible avec les loix que suit la nature, à la quelle elles répugnent par conséquent ; il n'en sera pas de même de mon système, il ne faudra pas tant d'exactitude, & tout ce merveilleux qui seroit nécessaire dans le système de Newton disparoîtra ; mais ne voulant plus faire d'objections il est tems je crois d'y penser.

Fin de la Premiere Partie.

ESSAI
SYSTÉMATIQUE

Sur les causes efficientes des mouvemens tant des Planettes & des Cometes que du Soleil.

SECONDE PARTIE.
AVANT PROPOS.

NEWTON pour valider l'efficacité de son syftême & de ses démonftrations illufoires fur le mouvement des Planettes &c. fe trouve forcé de fuppofer & d'admettre un vuide parfait dans les intervalles immenfes qui féparent ces corps, & de les faire lancer par la main de l'éternel à la création

de l'univers, dans un calme & un
néant absolu, dépourvus de toutes
résistances destructives du mouvement qui les anime dans leurs cours.
Ce grand homme avoit bien senti
que sans la réalité de cette hypothese,
l'édifice imposant de ses démontra-
tions toutes mathématiques qu'elles
puissent paroître, s'écrouloit de lui
même destitué de solides fondemens
qui puissent en assurer la stabilité; desorte qu'aulieu de présenter à l'univers le systême de la nature, il ne lui
offriroit plus qu'un ensemble chimérique de démonstrations absurdes. Je
ne suivrai pas la même marche pour
établir le systême que je me hazarde
de présenter aujourd'hui. N'ayant
pas besoin de le faire, je ne suppo-
serai ni le vuide & le calme parfait,
qui quoique possible hypothétique-
ment considéré, ne laisse cependant
pas d'être chimérique en réalité, ni le
plein de Descartes, qui tel que l'annonce ce philosophe, ne me paroît

gueres moins absurde. Je ne me ren-
drai à cet égard sectateur n'y de l'un
n'y de l'autre de ces illustres physiciens ; quoique je puisse embrasser
indifféremment un parti ou l'autre
sans choix, sans pour cela nuire en
aucune maniere a mon système ; car
le principe actif auquel j'attribue le
mouvement des Planettes, qui les
anime dans leurs cours, se trouvera
toujours jouir de la même efficacité,
pour opérer les divers phénomenes
que nous présente notre monde
planetaire, soit qu'on suppose
que les Planettes se meuvent
dans le vuide & le calme de
Newton, soit qu'on les suppose
emprisonnées dans le plein de Descartes. De ce principe actif que j'admets comme cause efficiente du
mouvement des Planettes &c. Je
déduirai l'explication de plusieurs
phénomenes différens. Je ferai voir
par exemple, que la même cause
active peut suffire à la fois, pour

opérer le mouvement progreffif de
la terre dans l'écliptique, par lequel
mouvement elle parcourt en circu-
lant autour du Soleil la courfe ima-
ginaire qui porte ce nom, pour operer fon mouvement diurne, ou fa révolution diurne autour de fon axe
qu'elle accomplit tous les jours. Je
me propofe de déduire auffi de mon
fyftême la figure de la terre, & de
faire voir que fon ellipticité à préfent
fi bien réconnue, ne doit pas être
regardé comme un effet de la force
centrifuge de Newton. Il ne fera plus
befoin de laiffer écouler plufieurs
fiecles pour donner à cet effort centrifuge le tems de produire infenfi-
blement l'élévation des terres fous
l'équateur, & de donner en conféquence a notre globe la forme elliptique que l'on croit avec fondement,
depuis que des opérations géométriques en ont donné une démonftration, devoir le figurer. Cette figure
ne fera plus l'effet du hazard & le

résultat d'un cas fortuit, comme il
sembleroit naturel de le regarder d'a-
près l'opinion du philosophe anglois,
mais bien une modification nécessaire
& absolument indispensable pour la
direction de cette Planette dans son
cours. Elle aura été produite & donnée a ce globe par le créateur au
commencement du monde, & deviendra un méchanisme simple dont
la sagesse infinie de l'être des êtres
s'est servi pour maintenir l'ordre de
l'univers. La même cause active à la
qu'elle j'attribue le mouvement des
Planettes, me servira aussi à expliquer celui des Cometes, qui cesse-
ront désormais de répandre la terreur
par leur approche, ayant perdu le
privilege de pouvoir emporter avec
elles aucun des autres coprs célestes,
qu'elles ne pouront sans un nouvel
acte de volonté de la part de l'être
suprême, approcher d'assez près pour
en occasionner la distruction, n'y
même pour leur faire éprouver des

désordres bien considérables. J'expliquerai aussi d'après les propiétés du même principe actif, le phénomene singulier & autrefois si effrayant que nous présentent les queues des Cometes. L'explication que je me propose de donner de ces apparitions célestes, me paroît d'autant plus naturelle & plus physique, que je pourai citer des exemples, pour appuyer mon opinion a cet égard. Je prendrai ces exemples dans des expériences physiques qui forment en ce siecle l'une des plus curieuses branches de la partie expérimentale de cette science. Je formerai des explications des divers phénomenes dont je viens de parler, un ensemble dont l'accord, étant réunies en un seul & même corps de démonstration, car je crois pouvoir me permettre avec raison de lui donner ce nom, présenteront une suite de connoissances ou si l'on veut de corollaires déduits les uns des autres, qui composeront l'édifice

de mon système sur la cause efficiente du mouvement des Planettes
&c. Enfin comme notre siecle semble
plutot être le siecle de la physique
expérimentale, que celui de la physique contemplative, je me ferai
un plaisir de satisfaire le goût des savans modernes. J'enseignerai la maniere de répeter quelques experiences
qui viennent à l'appui de mon systême, qui me semblent devoir contribuer à l'admission du principe actif
que je regarde comme la cause efficiente du mouvement des Planettes
&c. J'indiquerai la construction d'une
machine, c'est-à-dire, d'un petit
système planettaire qui sera mis en
jeu par un principe actif, ou une cause
efficiente de mouvement semblable
à celle qui anime le grand monde
planettaire. Ce petit système planettaire, qui a rigoureusement parler ne
mérite pas ce nom, sera différent du
grand que je n'oserois me flater d'i-
miter entiérement, trop heureux si

je pouvois l'imiter à demi, ce qui ne
sera pas, car je ne vois gueres lieu
d'espérer jamais parvenir jusques-là.
Il sera seulement composé de deux
globes, dont l'un pris pour le Soleil
donnera le mouvement à l'autre,
qu'on pourra indifféremment appeller Mercure, Vénus, la terre &c.
& le fera circuler en tournant autour
de lui. J'ai cru le jeu de cette machine assez curieux pour mériter d'être
indiqué, aussi est-ce en faveur des
amateurs de la physique expérimentale que je le présente : quoiqu'à
dire vrai, je ne puis m'empêcher de
la regarder comme emportant avec
elle une démonstration de mon
système.

Du principe actif que je regarde comme la cause efficiente du mouvement des Planettes.

LE principe actif que je regarde comme la cause efficiente du mouvement des Planettes & des Cometes, la cause directrice de leurs révolutions dans leurs orbites, différe essentiellement des causes auxquelles Newton attribuoit la production de ces mêmes phénomenes. Ce philosophe illustre en attribuant le mouvement des Planettes &c. autour du Soleil, à un mouvement de projection primitive, qui leur avoit été imprimé par le Créateur dans le tems de la création, & à une attraction exercée, sur elles par la masse du Soleil, dont la combinaison selon lui les dirige dans leur cours, admettoit deux agens métaphysique ; puisque le mouvement n'est point matériel, & qu'il regardoit l'attraction comme n'étant rien autre chose que la volonté pure & sinple de l'être suprême. Différent de lui j'admettrai un principe matériel, auquel principe j'accorderai deux proprietés différentes & opposés en apparence, qui formeront comme dans le système de Newton deux agens divers, qu'on pouroit regarder comme correspondans aux siens, des actions combinées desquels résultera pareillement le mouvement des Planettes & des Cometes. Ces agens seront, premiérement, une attraction qu'on pourroit regarder comme la même que celle admise par Newton, quoiqu'elle en différera réellement, quand au principe de son action, on en jugera par la suite; en second lieu un répulsion que je substitue un mouvement de projection primitive, qui jouera à-peu-près le même rôle que l'effort centrifuge résulttant du prétendu mouvement projectile, dont la combinaison avec l'action de l'attraction dont je viens de parler, opérera le mouvement des Planettes &c. & servira à la fois à les diriger dans leur cours. Ces deux agens quoiqu'ils paroissent au premier abord si opposés l'un a l'autre, resulteront cependant d'un seul principe matériel, qui renfermera sans qu'elles se détruisent mutuellement, ces deux propriétés, l'attraction & la repulsion, qui me font également nécessaires pour expliquer les phénomenes du cours des Planettes &c.

Du principe Matériel.

LE principe matériel que j'admets pour cause efficiente du mouvement des Planettes est un fluide répandu dans tout l'univers, depuis le centre du Soleil que je regarde ainsi que Newton, comme le centre d'activité de notre monde planettaire, jusqu'aux points les plus éloignés de ce.

centre, qui forment la courbe elliptique que décrit celle des Cometes,
qui dans son aphélie s'éloigne le plus
de cet astre, & même, sans doute
beaucoup au-delà de ces points,
puisque cette Comete doit encore se
trouver dans sa sphere d'activité. Ce
fluide que je regarde comme une
émanation du Soleil, étend donc sa
sphere d'activité, dont cet astre se
trouve, sans doute, être le centre,
au-delà de tous les autres astres qui
composent notre système, & les em-
brasse en les environnant de tous
côtés, comme cela est absolument
néceffaire, pour pouvoir par l'action
de son influance, leur communiquer
le mouvement dont ils ont besoin &
les animer dans leur cours. Je n'en-
treprendrai pas de fixer des bornes qui
circonscrivent l'étendue de son influance, car outre que je ne réussi-
rois pas, sans doute, cette question
devient très-inutile à mon sujet. Je
regarde, ai-je dit, ce fluide comme

une émanation du Soleil, qui en est, selon moi, la source productive en même-tems qu'il en est le centre d'activité. Il tire toute sa vertu & toute son énergie de cet astre, sur lequel il influe même par une réaction, qui lui imprime le mouvement de rotation sur lui-même autour de son axe, dont il jouit. Je developperai plus loin le méchanisme de son action dans ce cas, ce qui formera un article séparé; car avant que d'aller plus loin, il convient, selon moi, de dire quelque chose de sa nature.

De la nature de ce Fluide.

IL est clair assurément que je ne puis traiter de la nature de ce fluide moteur des Planettes & des Cometes &c. d'une maniere aussi positive & aussi satisfaisante que si je traitois de tout autre fluide connu, pris sur la surface de la terre, qui tomberoit

sous

sous nos sens, tel que l'eau par exemple, que l'on voit tous les jours, que l'on touche, que l'on goûre, pese &c. C'est pourquoi tout ce que j'en pourrois dire d'avance pouvant être regardé comme purement hypothetique, je me contenterai d'en donner une idée assez complete pour présenter à l'esprit quelque chose de satisfaisant. Ce fluide donc est, selon moi, un feu élémentaire ou une matiere active par elle-même, c'est-à-dire, dont je ne connois pas la cause d'activité, qui répandue généralement dans toutes les parties de notre univers, devient l'ame de cette machine immense qu'elle vivifie en mettant en jeu tous les ressorts de la nature. Ce feu élémentaire peut n'être rien autrechose qu'un feu semblable à celui qui nous échauffe sur la terre, quoique je n'oserois rien prononcer de décisif à cet égard. Il a son foyer principal, selon mon système, dans le corps du Soleil,

F

que j'ai appellé son centre d'activité.
Il forme divers autres foyers plus
& moins considérables les uns que
les autres dans les corps de chacunes
des Planettes, lesquels foyers ont,
je crois, ponr centre le centre de
gravité de la Planette. Mais entrons
dans un détail plus circonstancié &
traitons des propriétés du feu élémentaire que nous donnons pour notre
fluide moteur.

De propiétés du feu élémentaire.

EN donnant à mon fluide moteur
des Planettes &c. le nom du feu élémentaire, je le confond avec la matiere qui porte ce nom, dont je me
sert comme d'une expression assez
généralement reçue, plutôt que
comme annonçant réellement la véritable nature de cette matiere. Ainsi
donc mon feu élémentaire fluide
moteur des Planettes &c. sera une

matiere non pas proprement élémentaire, mais hétérogene comme le feu
élémentaire ordinaire. Je regarde
la matiere comme sons le nom de feu
élémentaire, comme une matiere
réellement hétérogene, & il est clair
qu'il en est ainsi. Qui dit élémentaire,
dit primitif, pur & homogene. Il
faudroit donc que le feu fut tel pour
former un élement: or il est bien
éloigné d'être tel, car d'abord il
produit sept couleurs diverses, selon
Newton, qui formant autant d'espece de lumiere, ne sauroient, sans
doute, provenir d'une seule sorte de
matiere absolument homogene :
d'ailleurs les expériennes électriques
ne nous apprennent-elles pas qu'il
existe deux especes d'électricité absolument distinctes entr'elles, &
même assez visiblement contraire
l'un à l'autre, puisquelles se détruisent
mutuellement. Ainsi le feu élémentaire ou pour parler plus strictement,
la matiere connue vulgairement

fous le nom de feu élémentaire, n'est
point véritablement un élément tel
qu'on l'a cru fort longt-tems. Mon
fluide moteur des Planettes &c. que
j'assimile au feu élémentaire, ou plutôt que je confonds avec lui comme,
ne formant qu'une seule & même
matiere, ne sera sans doute, pas davantage un élément, que le prétendu
feu élémentaire dont je viens de parler. Il pourra donc être composé de
plusieurs especes de feu, dont le
nombre seroit difficile a déterminer,
du moins pour le présent; ce que je
me garderai bien d'entreprendre, la
solution de ce probleme étant d'ailleurs inutile a mon projet.

Dénomination de mon fluide moteur.

J'AI cru pouvoir me permettre de donner a mon prétendu fluide moteur une dénomination particuliere, tirée de ses propriétés, qui en put donner a l'esprit une idée réprésentative : c'est pourquoi lui enlevant desormais le nom de feu élémentaire, je l'appellerai électricité, par comparaison avec le fluide qu'on trouve sur la terre connue sous le nom d'électricité, fluide qui n'est, selon moi, rien autre chose que le feu élémentaire, non pas développé, mais accumulé par le frottement &c. sur & dans divers corps, ou par son accumulation un plus grand nombre de ses propriétés devenues sensibles nous le font considérer comme formant un autre fluide. En donnant à mon fluide moteur le nom d'électricité, je lui suppose & lui attribue les mêmes pro-

priétes exactement, que celles que
la physique expérimentale de nos
jours accorde au fluide électrique.
Le fluide électrique tire son nom de
la matiere du corps dans lequel il
s'est fait d'abord remarquer, qu'on
sembloit regarder comme sa source.
J'appellerai mon fluide moteur électricité solaire, pour exprimer & faire
entendre que je regarde le Soleil
comme en étant la source productive
principale, ou si l'on veut la cause
occasionnelle la plus considérable ;
desorte que cet astre en est, selon
moi, je l'ai dejà dit, le centre d'activité, autour du quel centre je lui
suppose une sphere d'activité semblable à celle dont jouissent les corps
électrisés, dans laquelle sphere d'activité, dont les limites ne me sont
pas connues, nagent tous les corps
célestes tant Planettes que Cometes
qui en sont animées, & dont voici
les propiétés communes avec les
petites spheres électriques que nous

excitons fur·la terre & conséquemment communes avec l'eſtricité.

Premiere Propriété.

La premiere propriété que j'attribue a mon fluide moteur, eſt une
activité perpetuelle, par laquelle
fans ceſſe dans un état contraire a
celui qu'on appelle inertie ou repos,
il continue toujours d'agir fans in-
terruption, activité que j'appelle,
faute d'en connoître la cauſe efficiente, en la comparant a celle du
feu, que j'appelle, dis-je, activité
eſſentielle, c'eſt-à-dire activité ap-
partenant eſſentiellement a la matiere du feu élémentaire, qui eſt le
même que mon fluide moteur, &
inféparable de fon eſſence, ou de
fon exiſtence, ce qui revient au
même; car je ne puis encore en
aſſigner d'autre forte que la volonté pure & fimple du créateur.

Seconde Propriété.

La seconde propriété de mon fluide est celle d'agir comme l'attraction de Newton, avec une énergie qui se trouve être en raison inverse du quarré des distances qui séparent le lieu de son action, du centre d'activité du foyer qui en est la source ou le receptacle ; par exemple, en prenant le Soleil pour son foyer d'activité, l'énergie de cette activité aura lieu pour chacunes des Planettes, en raison inverse du quarré de leurs distances au centre de cet astre ; desorte que la Planette la plus éloignée, se trouvant proportionnellement a son plus grand éloignement du Soleil moins vivement animée par ce fluide moteur, que celle qui en est la plus voisine, doit proportionnellement se mouvoir avec plus lenteur.

Troisieme

Troisieme Propriété.

La troisieme propriété est une énergie attractive en vertu de laquelle il arttire & détermine, à peu près comme le fait l'attraction de Newton, à laquelle on le peut comparer dans ce cas, vers le centre d'activité de son foyer, les corps qui se trouvent dans la sphere de cette activité, & en reçoivent conséquemment l'action.

Quatrieme Propriété.

La quatrieme propriété est celle de s'accumuler fur & dans les corps qu'elle attire vers son foyer d'activité, plus ou moins promptement, en une quantité plus ou moins considérable, selon qu'ils ont sans doute plus ou moins d'analogie avec lui, qu'ils font rendus par cette cause d'affinité réciproque, plus ou moins

G

susceptibles d'en fixer sur eux une plus ou moins grande quantité, & de s'en charger d'une maniere plus ou moins prompte. Peut-être aussi cette affinité entre les corps célestes & l'électricité solaire dépend-elle encore de la masse de ces corps; c'est au reste ce que je ne puis assurer. Ainsi les corps célestes peuvent se charger différemment entr'eux d'électricité solaire, selon qu'ils ont par la nature de la matiere qui les compose, ou même peut-être par leur masse plus ou moins d'affinité avec cette électricité, & s'en charger aussi par la même raison plus ou moins promptement les uns que les autres &c.

Cinquieme Propriété.

En cinquieme lieu la propriété de repousser, en les éloignant de son centre d'activité, ces corps sur les quels il se trouve accumulé en quantité relative à leur affinité, & à leur maffe; c'eft-à-dire lorfque ces corps faturés de ce fluide, pour me fervir d'une expreffion chymique, n'en peuvent plus recevoir davantage pour le fixer en eux & fur eux, qu'ils ne fe foient auparavant déchargés d'une partie de celui dont ils font imbus, pour pouvoir s'en récharger de nouveau.

Enfin, pour finir une explication & une diftinction de propriétés diverfes, qui ne laifferoient peut-être pas de nous mener fort loin fans nous avancer beaucoup; je fuis perfuadé que l'électricité folaire a exactement les mêmes propriétés que l'électricité terreftre, dont les divers phénomenes m'ont fait concevoir l'idée de la premiere, & le projet de fon application à l'explication des divers phénomenes que nous préfentent les révolutions des Planettes autour du Soleil: deforte que l'on pourroit peut-être, fans que j'euffe lieu de me

plaindre, ne me pas regarder comme
l'inventeur de l'électricité solaire,
dont je parle ici; mais seulement
comme l'auteur de son application
au mouvement des astres, comme
cause active des différens phénomenes que présente l'harmonie céleste.

Démonstration de l'existence de l'électricité solaire.

L'EXISTENCE de l'électricité solaire
n'est pas bien difficile à démontrer.
Les merveilles sans nombre qu'elle
opére tous les jours dans la nature,
dans toutes les régions de la terre,
sous les yeux de tant de milliers de
personnes, en fornissent des preuves
trop autentiques pour pouvoir être
révoquées en doute. En effet ne lui
voit-on pas tous les jours animer les
Planettes & fomenter la vie d'une
infinité d'animaux, qui sans elle n'en

jouïroient jamais. N'eſt-ce pas elle qui fait éclorre les œufs des poiſſons, des inſectes, des oiſeaux mêmes, du moins ceux de l'autruche. N'eſt-ce point elle qui nous éclaire, qui nous peint les divers corps de la nature, qui nous revivifie, pour ainſi-dire, toutes les fois que nous éprouvons ſon influence. Pourquoi, puiſqu'elle a le glorieux emploi d'apporter ſur notre globe le ſouffle de la vie aux habitans qui la décorent, n'auroit-elle pas auſſi celui d'animer & de diriger les Planettes & les Cometes dans leurs cours? L'un ſeroit-il plus difficile que l'autre, non, ſans doute ; & rien au contraire ne s'accorderoit mieux avec la ſimplicité de moyens que ſe plaît à employer la ſageſſe du grand être, pour operer à nos yeux les choſes les plus ſurprenantes & les plus démonſtratives de la puiſ-ſance ſans bornes de ſa ſuprême ma-jeſté. S'il n'a pas paru déraiſonnable d'admettre une émanation du Soleil

comme la cause efficiente de la lumiere, de la chaleur que nous fait
éprouver la préfence de cette aftre
&c. le fera-t'il davantage de croire
que la même émanation dont j'ai
changé le nom en celui d'électricité
folaire, puiffe opérer le mouvement
des Planettes &c. puifqu'elles en reçoivent néceffairement & évidemment toutes auffi bien que nos yeux,
l'action & l'influence? Ne fera-t'il pas
au contraire très-raifonnable de
l'admettre fur-tout, fi comme on le
verra par la fuite, elle fournit les
explications les plus fimples, les plus
naturelles & les plus harmonieufes
des accords que nous préfentent les
phénomenes céleftes. C'eft ce que
je l'aiffe à juger, pour paffer à l'expofition des réflexions qui m'ont
conduit à l'admiffion de l'électricité
folaire, que je vais comparer à
celles qui ont conduit Newton à admettre fon attraction, comme l'une
des caufes efficientes du mouvement

des Planettes &c. pour faire voir si
mes déductions peuvent-être regardées comme aussi naturelles que le
paroissent les siennes.

───────────────────

Origine de l'application de l'attraction
Newtonienne au mouvement des
Planettes, comparée à celle de l'é-
lectricité solaire au même objet.

NEWTON, après avoir supposé ou
même, si l'on veut, prouvé, que l'attraction est la cause qui opére la pésanteur sur la surface de la terre,
s'oupçonne cette énergie attractive
d'être une propriété généralement
accordée à tous les corps de la nature,
& qui plus est à toutes les particules
de la matiere prises séparément les
unes des autres: enfin conclut de là
qu'elle devoit aussi pour la même
raison qu'elle appartient généralement à toutes les parties de la matiere, appartenir aux corps célestes,

G 4

aux Planettes & aux Cometes. Ces corps doivent donc, ſelon lui, en vertu de cette énergie attractive qu'il leur attribue s'attirer mutuelle-ment entr'eux & graviter récipro-quement les uns vers les autres. D'a-près cela il inventa la combinaiſon de cette attraction avec un mouve-ment hypothétique d'impulſion pri-mitive, de laquelle combinaiſon réſulte, ſelon lui, le mouvement des Planettes &c. dans leurs orbites. Je n'aurai pas la même gloire; car je ne ſuis point comme l'étoit de ſon attraction ce profond philoſophe, le pere de l'électricité que j'admets pour cauſe efficiente du mouvement des aſtres; car ce fluide ayant été connu fort longt-tems avant le pre-mier inſtant de mon exiſtence, ne ſauroit abſolument être de mon in-vention. Ainſi je ne partirai pas comme Newton d'un principe hy-pothétique que j'aurai moi - même poſé; mais bien d'un principe antérieur à mon système, généralement admis & autentiquement reconnu réel par nombre de savans habiles à juger d'une semblable matiere. L'attraction Newtonienne, tout bien considéré, n'a d'autre fondement que le raisonnement, si souvent trompeur lui-même, lorsqu'il semble le mieux s'accorder avec les phénomenes de la nature. Personne n'en a jamais rien éprouvé de sensible. Newton lui-même s'est trouvé forcé de ne l'admettre que comme un acte pure & simple de la majesté suprême. Tout les physiciens l'admettent cependant & moi-même en l'admettant comme eux je ne prétends pas la réjetter ; mais seulement je ne puis croire qu'elle soit une cause efficiente du mouvement des astres. L'électricité que j'admets pour principe moteur des Planettes dans leur cours, est un fluide dont je ne dirai pas que l'existence est appuyée sur le raisonnement, mais bien qu'elle est dé-

montrée par l'évidence de l'expérience & du rapport des sens, qui
en prouvent la réalité d'une maniere
incontestable. Effectivement les ai-
grettes électriques, les commotions,
peuvent-elles être encore regardées
comme des problêmes ? Si donc l'on
a pu admettre l'attraction Newtonienne, sans cesser d'agir véritablement en philosophe ; pourquoi seroit
roit-ce offenser la philosophie que
d'admettre une nouvelle opinion,
qui se trouve appuyée sur des fondemens encore moins équivoques? non
assurément ; & c'est dans ce sentiment
que je vais présenter ma maniere de
faire l'application de l'électricité solaire au mouvement des Planettes,
en prenant pour exemple la terre,
qui, étant notre mere commune, mérite bien certainement l'honneur
d'être introduite sur la scene préférablement à toute autre.

De l'application de l'électricité solaire au mouvement de la terre.

TOus les astronomes en général au nombre desquels je puis placer Newton, comme le plus profond & le plus célébre, s'accordent à attribuer a la terre plusieurs sortes du mouvemens, dont deux vont m'occuper dans cet ouvrage. Je ne parlerai donc ici que de deux mouvemens de la terre, savoir de son mouvement de rotation autour de son axe, ou de sa révolution diurne, & de son mouvement progressif dans l'écliptique ou de sa circulation autour du Soleil.

Du mouvement diurne de la Terre.

COMME j'ai donné au fluide moteur que je regarde comme la cause efficiente du mouvement des Planettes &c. le nom d'électricité so-

laire, je vais persistant toujours dans
la même opinion à cet égard, me
servir pour exemple de comparaison
du jeu d'une machine électrique fort
amusante pour préparer mes lecteurs
à l'explication du mouvement diurne
de la terre. Cette machine est celle
à laquelle les électriciens de la ville
de Philadelphie, lieu de son invention,
donnerent le nom de tournebroche
électrique ; nom tiré de l'usage qu'ils
en firent dans une promenade de
savans pour rôtir une Poularde, aussi
électriquement tuée. Quoique cette
machine sur-tout en ce siecle où l'é-
lectricité se trouve être si en vogue,
n'ait plus rien de merveilleux, je n'ai
cependant pas cru pouvoir me dif-
penser de donner une courte description de son méchanisme, pour faire
mieux saisir l'exposition de son jeu,
que je me propose de développer
pour faciliter l'intelligence de l'application de l'électricité solaire à l'explication du mouvement diurne de
la terre.

Le Tourne-Broche électrique.

VOyez figure troisieme. A représente une roüe de matiere non con-
ductrice de l'électricité, comme de
verre, ou de cire d'espagne, sur un
pivot placé à son centre vers A, qui
lui sert d'axe autour duquel pivot
elle doit tourner avec la plus grande
facilité, pour exiger la moindre
force motrice possible.

B Le bord de cette roüe A sur lequel sont attachées à égales distances
les unes des autres huit ou dix balles
plus ou moins, selon le gout du mé-
chanicien, en fer ou de tout autre
métal indifferemment. Ces boules
doivent-être d'un égal poids, pour
que la roüe A puisse, après en être
chargée, conserver encore autour de
son axe un équilbre aussi parfait que
celui dont elle jouissoit auparavant ;
& voici toute la construction du

tourne - broche électrique.

Il faut obferver feulement outre —
cela que fi l'on vouloit s'en fervir
pour le même ufage auquel l'ont employé les électriciens Américains ;
Il faudroit que le pivot A qui fera
l'axe de la machine fe trouve être
affez long, pour fervir de broche &
porter fur deux pieds qui puiffent la
foutenir.

CC. Sont deux bouteilles de leide
chargées également toutes deux,
l'une de l'efpece d'électricité qu'on
appelle électricité pofitive, l'autre
de celle qu'on appelle électricité né-
gative, à caufe d'une propriété contraire à celle de la premiere dont elle
jouit, en vertu de laquelle propriété
elle détruit & annulle cette premiere.

Les deux bouteilles de leide doivent être placées le plus près poffible
de la roue A, fans cependant toucher
cette roue, l'une d'un côté, l'autre de
l'autre, ayant foin de faire enforte,
autant qu'il fe pourra, que les extre-

mités de leurs fils de laiton soient
tournés vers cette roue.

Jeu du Tourne-Broche électrique.

A présent venons-en au jeu de cette
machine, qui est des plus simples.
La roue A bien en équilibre sur son
axe ne peut se trouver entre les deux
bouteilles CC le plus près possible
de chacune, sans que l'une ou l'autre
des balles de metal BB qui sont attachées sur son contour, se trouve voisine du fil de laiton de l'une d'elles.
Cette balle donc que je suppose se
trouver voisine du fil de metal d'une
des bouteilles des leide, n'étant point
électrisée, sera nécessairement attirée vers le fil de laiton par le fluide
électrique dont ce fil est surchargé,
& se chargera elle-même en approchant ce fil d'une certaine quantité
du même fluide électrique : après
quoi saturée ou suffisamment chargée
de ce fluide, elle sera presqu'aussitôt

repoussée par le fil de laiton dont
l'énergie attractive se trouvera pour
lors changée en vertu répulsive.
Comme cette balle par la force de
mouvement qu'elle aura acquise
pour parvenir au fil de laiton dont
elle a été attirée, se sera trouvée
emportée au delà de ce fil qu'elle
aura depassé; il s'ensuivra qu'au lieu
de retourner sur ses pas & d'être
determinée en arriere, c'est-à-dire,
en sens contraire à celui dans lequel
elle s'est mue d'abord, par la vertu
répulsive du fil de laiton, continuera
au contraire d'être poussée dans le
même sens, & d'avancer dans la
même direction en continuant d'aggrandir l'arc de cercle qu'elle aura
d'abord commencé. A cette premiere
succédera la balle suivante, qui sera
d'abord attirée de la même maniere que
cette premiere, puis repoussée pareillement, & ainsi de suite pour toutes
les autres balles qui par le mouvement de rotation de la roue A seront
déterminées

déterminées veis le fil de laiton.

Les balles BB chargées d'électricité par le fil de laiton de la premiere
bouteille, se trouveront portées par
le mouvement circulaire de la roue
vers le fil de la seconde bouteille.
Cette seconde bouteille de leide qui
se trouve chargée de l'espece d'é-
lectricité qui, contraire à la premiere
la détruit & en annulle les effets,
attirera de même que la premiere les
balles que le premier mouvement de
la roue A déterminera vers elle, les
chargera d'électricité de la même
maniere, mais d'une électricité différente : de sorte que les balles chargées de son électricité, ayant été
repoussées par son fil de laiton, seront susceptibles d'être derechef attirées par le fil de laiton de la premiere bouteille qui les en dechargera,
pour les recharger de l'électricité
dont-il est lui-même chargé, & que
réciproquement celles qui auront
été attirées par la premiere bou-

H

teille qui les aura chargées de son
électricité, seront pareillement pour
la même raison attirées par la seconde. D'où il résultera des effets
réunis de deux causes actives un
mouvement circulaire continu pour
la roue A, dont la force d'action sera
proportionnelle à l'énergie & à la
puissance motrice de ces agens.

On pouroit également, si on le
jugeoit à propos, produire un mouvement circulaire pour une roue telle
que la roue A, avec une seule bouteille ; car le jeu du tourne-broche
électrique n'exige pas indispensablement deux bouteilles de leide chargées d'électricités différentes pour
avoir lieu. Une seconde bouteille ne
devient nécessaire que parce que les
balles BB qui sont arrondies ne se
déchargent que très-lentement, du
fluide électrique dont elles sont une
fois chargées & le retiennent trop
long-tems fixé sur elles : de sorte
qu'une balle qui auroit une fois été

attirée & chargée d'électricité
ne se déchargeant point assez pendant une révolution de la roue qui
la porteroit, ne sauroit en être attirée une seconde fois, ce qui empê-
cheroit la continuation du jeu de
cette roue. C'est pour éviter cet inconvenient, & détruire l'obstacle qu'il
présente, qu'on emploie une seconde
bouteille, qui chargée d'une électricité contraire à celle de son anta-
goniste, les attire à elles, les re-
charge de l'électricité dont elle-
même est chargée, & les repousse
susceptibles d'être une seconde fois
attirées par le fil de laiton de la pre-
mière bouteille. C'est pourquoi, si
l'on vouloit faire un tourne-broche
électrique avec une seule bouteille
de leide, ou simplement produire
un mouvement circulaire semblable
à celui de la roue A, il faudroit
premierement changer la forme des
balles de metal BB &c. pour leur
donner la propriété de se décharger

beaucoup plus vite de la partie de fluide électrique qu'elles ont reçu du fil de laiton de la bouteille de leide. On pouroit, par exemple, leur substituer des pointes : puisque les pointes de l'aveu de presque tous les électriciens d'aujourd'hui, ont singuliérement la propriété de perdre & de dissipper très-vite la partie du fluide électrique dont-elles se trouvent chargées. En second lieu il faudroit aggrandir la roue, lui donner donc plus de diametre, pour que ses révolutions étant de plus longue durée, les pointes qu'on auroit sustituées aux balles aient plus de tems pour se décharger d'une maniere plus complette de la partie du fluide électrique qu'elles contiennent, & de redevenir par cette décharge susceptibles d'une nouvelle attraction, comme il en arrive pour le globe terrestre dont le mouvement diurne ou de rotation autour de son axe, ne s'acheve qu'en vingt quatre heures. Ce mouvement diurne de la terre auroit plus d'analogie avec le jeu de ce dernier tourne - broche, c'eſt-à-dire, avec le jeu d'une roue qui agiroit par le moyen du dernier méchaniſme, qu'avec celui du premier. Auſſi eſt-ce à lui que je vais rapporter le mouvement diurne de la terre, qui va faire le ſujet de l'article ſuivant.

───────────────

Du mouvement diurne de la Terre.

LE mouvement diurne de la terre, n'eſt, ſelon moi, rien autre choſe qu'un mouvement ſemblable a celui des tourne-broches dont je viens de parler, ſur-tout à celui du dernier. On peut donc conſidérer le globe terreſtre comme une roue immenſe qui eſt miſe en mouvement par une attraction & une répulſion abſolument pareilles à celles qui animent la machine de Philadelphie ; deſorte que cette machine nous offre en petit ce

que notre globe nous offre en grand.
Mais comme c'est ici l'un des points
les plus importans de cet ouvrage,
cette simple comparaison ne sauroit
être satisfaisante. Je vais donc entrer
dans de plus grands details à cet égard,
à l'aide de la figure 4e.

Soit A le Soleil que je regarde dans
mon système comme le centre d'activité de mon principe moteur &
comme la source productive de mon
électricité solaire. Ce fluide donc
doit, selon mon opinion, former de
tous côtés une sphere d'activité autour du Soleil, sphere d'activité, dont
il est fort inutile de déterminer les
bornes, ce qu'il seroit aussi fort difficile
de faire. Il suffit pour mon système
qu'elle s'étende au dela des points
les plus éloignés des orbites des Planettes & des Cometes, qu'elle doit
embrasser, pour leur communiquer
le mouvement qui les anime. Or, il
est clair que la sphere d'activité de
l'électricité solaire peut s'étendre

jusqu'au delà des orbites des Cometes : & pour se convaincre de
cette vérité, il n'y a qu'à considérer
les phénomenes de la lumiere, qui
parvient à des distances énormes sans
perdre sa propriété lucipare, comme,
par exemple, lorsqu'elle nous vient
des étoiles fixes. Si la lumiere qui est
une propriété du fluide moteur que
j'admets sous le nom d'électricité solaire nous parvient de si loin ; il est
plus que probable qu'il en peut être
de même des autres propriétés qui
appartiennent à ce fluide.

B Le globe terrestre représenté
dans la sphere d'activité de l'électricité solaire que je suppose, pour le
présent, absolument immobile &
sans aucun mouvement dans cette
sphere d'activité, comme si elle s'y
trouvoit tout récemment plongée
dans l'instant même où je vais la
considérer. L'hémisphere de ce globe
qui regarderoit le Soleil, se trouvant
exposé à l'action de l'électricité so-

laire seroit soudain électrisée. La surface de cet hémisphere en se chargeant de fluide électrique, éprou-
veroit presqu'aussitôt après, avoir
éprouvé une attraction, une répulsion, qui comme le fluide électrique,
n'auroit pas eu encore assez de tems
pour pénétrer dans l'intérieur du
globe terrestre, ou peut-être même,
parce que la matiere qui compose cet
intérieur, n'etant gueres susceptible
de s'en charger aussi promptement,
n'auroit lieu que pour la partie de sa
surface exposée aux rayons du Soleil.
Cette répulsion, si le globe B etoit
parfaitement sphérique & de matiere
homogene, agissant avec une égale
énergie sur les deux moitiés de la
surface hémispherique 1, 2, qui se trouveroient absolument égales, semblables & homogenes, exposées à son
action, tendroit à pousser le globe
en arriere en l'éloignant du Soleil &,
il n'en résulteroit pour le globe B
aucun mouvement de rotation,

mais

mais seulement un mouvement direct en arriere tel que celui que je viens de caractériser.

A présent suppofons que le globe B au lieu d'être parfaitement sphérique & d'une matiere homogene, comme dans l'hypothefe précédente, fe trouve au contraire ne former qu'une fphere imparfaite, hériffée d'inégalités, & de nature différente pour chaque point de fa furface, pour ainfi dire, comme l'eft réellement le globe terreftre. Pour lors la répulfion ne pourra plus agir également fur les deux moitiés d'hémifphere 1 & 2, qui ne font plus égales en furface ni de même nature ; mais elle agira différemment fur l'une & fur l'autre relativement à leur différence de nature & à leur inégalité, c'eft-à-dire, plus puiffamment fur l'une & moins puiffamment fur l'autre ; d'où il s'enfuivra néceffairement que celle qui recevra une répulfion plus énergique, fe trouvera l'emporter sur l'autre, reculera en arriere en faisant tourner le globe B sur lui-même en fuyant la vue du Soleil A. Cette partie 1 & 2 de la surface du globe B, qui aura d'abord reçu l'action de l'électricité solaire, ne peut tourner comme je viens de le dire en fuyant la vue du Soleil, emportée par la répulsion qui a fait tourner ce globe B, sans amener en même-tems une nouvelle partie de sa surface vers le Soleil. Cette nouvelle partie de la surface du globe B, qui n'a point encore été électrisée, sera attirée par l'électricité solaire en se chargeant de ce fluide, sera ensuite repoussée par cette même électricité solaire, lorsquelle en sera suffisamment chargée comme la premiere, & fuira à son tour par la même route qu'a suivie cette premiere, qui par le mouvement qu'elle aura imprimé au globe B déterminera pour la suite le sens de la rotation de ce globe. Et ainsi de suite

de toutes les parties de la surface
entiere du globe B ; d'où il résultera
pour ce globe un mouvement circulaire ou de rotation autour d'un axe,
qui une fois determiné en un sens
plutôt qu'en un autre continuera toujours d'avoir lieu dans ce même sens.
Quoique j'en dise ici , ce n'est pas
que je croie réellement qu'il en ait
été de la sorte pour le mouvement
de la terre , car je suis persuadé que
sa détermination n'est point du tout
le résultat d'un cas fortuit, tel que
celui que je viens d'exposer, mais
bien un effet réel de la volonté de
l'être suprême, qui a tout disposé de
maniere que cette détermination ne
pouvoit avoir lieu que dans le sens
nécessaire à l'harmonie de l'univers.
Mais rentrons en matiere & reve-
nons-en à la partie de la surface du
globe B qui a été électrisée la premiere. Cette partie de la surface du
globe B électrisée la premiere, aura
commencé dès l'instant où elle aura

cessé de recevoir de nouvelle électricité, à perdre insensiblement
toute celle dont elle se trouvoit
chargée, ou du moins la plus grande
partie, soit parce que cette électricité se perd & se dissipe dans l'espace, soit qu'elle soit encore outre
cela détruite & enlevée par l'action
des autres astres, tels que les étoiles
fixes. Les inégalités dont se trouve
herissée la surface de la terre, les
montagnes, les rocs peuvent être
considerées comme autant de points
de décharge insensible, qui favo-
risent dans l'ombre de la nuit la dis-
sipation de l'électricité solaire de
dessus la surface de notre globe.
Cette partie de la surface du globe
terrestre déchargée de cette maniere
pendant la nuit de l'électricité solaire, redevient susceptible d'être
attirée une seconde fois par cette
électricité, lorsqu'après une révolution entiere de la terre, elle vient
à se présenter une seconde fois à la

vue du Soleil, qui l'électrise aussi une seconde fois, la repousse comme la premiere, & ainsi de suite pour une troisieme, une quatrieme &c. D'où il resulte pour ce globe un mouvement de rotation, qui est ce que nous appellons le mouvement diurne de la terre. Voici donc selon mon système, la mécanisme par lequel l'électricité solaire opere le mouvement diurne de la terre, & conséquemment l'explication électrique de ce mouvement. Je vais le faire suivre du système de Newton sur le même objet, que j'ai oublié dans les objections que je lui oppose; afin que d'après la comparaison qu'on sera libre d'en faire, on puisse juger lequel des deux, s'accorde plus harmonieusement avec les phénomenes que nous offre la nature en ce lieu de son domaine.

Syſtême de Newton ſur le mouvement diurne de la Terre.

SI je ne me trompe le mouvement diurne de la terre, ſelon Newton, a pour cauſe efficiente , je ne dirai plus un mouvement de projection primitif, mais un mouvement d'impulſion primitif autour de ſon axe, un mouvement de rotation qui lui a été communiqué par la main de l'architecte ſuprême au tems de la création, depuis lequel tems de la création elle continue de ſe mouvoir à peu près comme dans les premiers ſiecles, ſans avoir reçu aucune nouvelle impulſion pour entrenir cette rotation. Telle eſt, je crois, l'opinion de Newton ſur le mouvement diurne de la terre, qui ſe trouve encore être l'effet d'un agent métaphyſique, le mouvement, telle modification qu'il puiſſe avoir, n'étant point matiere.

Si le mouvement diurne de la terre se trouve être effectivement le résultat d'un impulsion primitive, il est clair qu'il doit toujours être uniforme sans éprouver la moindre variation ; puisque la cause active n'ayant plus lieu, ses effets doivent toujours persévérer les mêmes, jusqu'à ce que quelque cause étrangere vienne les déranger. Ainsi dans l'hypothese de Newton aucune cause ne venant déranger le mouvement diurne de la terre, ce mouvement devroit toujours persévérer le même sans accélération ni rétardement.

En second lieu, il doit nécessairement avoir lieu dans le vuide, pour avoir pu depuis le tems de la création se continuer jusqu'à présent avec tant d'ordre & d'uniformité; car si on suppose qu'il à lieu dans un fluide quelconque, quelque grande rareté qu'on puisse accorder à ce fluide, il seroit bien étonnant qu'il ait pu jusques à présent se perpétuer sans aucun dérangement sensible.

D'après ces observations je demande, & je me crois fondé à en agir dela sorte, 1°. Pourquoi le mouvement diurne de la terre au lieu d'être uniforme, s'opére aucontraire avec différentes vîtesses, à différentes époques de l'année ; pourquoi, par exemple, il s'opère avec une plus grande vîtesse lorsque cette Planette se trouve dans son périhelie que lorsqu'elle se trouve dans son aphélie. J'en atteste en cela tous les astronomes de nos jours, car ils connoissent tous aussi bien que moi cette observation. Peut-on reconnoître à ce mouvement l'effet d'une impulsion primitive, dont l'action n'a plus lieu depuis tant de siecles. Le produit d'une semblable cause peut-il lui-même, tantôt se détruire en partie, tantôt renaître &c. c'est ce que je laisse à juger.

2°. Je demande ce qu'on peut penser d'un semblable mouvement

d'impulsion primitive, si outre la
répugnance que présente deja le
phénomene précédent, à ce mouvement, il se trouve démontré,
comme il l'est effectivement, d'après
ceque j'en ai dit dans les objections
de la premiere partie de cet ouvrage,
que le vuide dans lequel il doit nécessairement avoir lieu pour se perpétuer, & dans lequel Newton as-
sure qu'il doit avoir lieu pour ne se
point anéantir, s'il se trouve démontré, dis-je, que ce vuide est absurde & tout à fait chimérique. Ceci
forme encore une question à laquelle
je laisse au lecteur à répondre, pour
passer à la solution de ces problêmes d'après mon système de l'é-
lectricité solaire.

Premier Phénomene.

LE mouvement diurne de la terre
s'opére avec plus de vîteſſe lorſque
cette Planette ſe trouve être dans
ſon périhélie, c'eſt-à-dire, plus près
du Soleil, & avec moins de vîteſſe
lorſqu'elle eſt au contraire dans ſon
aphélie ou ſon plus grand éloignement de ce aſtre. Ce premier phénomene peut ſe diviſer en deux
branches diſtinctes, qui ſont la
plus grande vîteſſe du mouvement
diurne & ſa moindre vîteſſe. Je
vais en conſéquence ſuivre cette
diviſion dans ſon explication, en
commençant par conſidérer ſa plus
grande vîteſſe.

De la plus grande vîteſſe du mouve- ment diurne de la Terre.

LE mouvement diurne de la terre s'opére avec plus de vîteſſe lorſque cette Planette ſe trouvant dans ſon périhélie, approche plus près du Soleil. Rien de plus naturel que le phénomene que préſente cette accé- lération, ſi l'on admet l'électricité ſolaire pour la cauſe efficiente de ce mouvement: car comme cette élec- tricité ſolaire, je l'ai déjà dit en par- lant des ſes propriétés, agit avec une énergie qui ſe trouve être en raiſon inverſe du quarré de la diſtance du lieu, où elle a ſon effet, au centre du Soleil qui eſt à la fois ſon foyer & ſon centre d'activité; il eſt clair que la terre ſe trouvant dans ſon péri- hélie plus voiſine du Soleil, ſe trouve auſſi plus rapprochée du centre d'ac- tivité de l'électricité ſolaire, doit nécessairement recevoir de cette électricité qui est son moteur, une action plus énergique, par conséquent une plus grande force & une plus grande vîtesse de mouvement. Le mouvement diurne de cette Planette doit donc dans ce cas s'opérer avec plus de vîtesse : & rien comme je l'ai dit, ne sauroit être plus naturel. Il seroit au contraire surprenant qu'il en arrivât autrement.

De la moindre vîtesse du mouvement diurne de la Terre.

POUR une raison contraire à celle pour laquelle le mouvement diurne de la terre s'opére avec plus de vîtesse, lorsque cette Planette se trouve dans son phérihélie ; il est aussi tout naturel que ce mouvement doit s'opérer plus lentement lorsqu'elle est dans son aphélie. Ceci est encore tout clair ; car la terre

dans son aphélie plus éloignée du
Soleil, du centre d'activité de l'électricité solaire, dont l'énergie a lieu
en raison inverse du quarré des distances, reçoit conséquemment de
cette électricité solaire qu'elle a pour
moteur, une action moins puissante
& par suite nécessaire une moindre
force, une moindre vîtesse de mouvement. Elle doit donc proportionnellement à la moindre énergie de
l'action qu'elle reçoit de l'électricité
solaire, se mouvoir plus lentement
& achever son mouvement diurne
avec moins de vîtesse dans son aphélie que lorsqu'elle se trouve dans
son périhélie. La variété de la vîtesse
avec laquelle s'exécute le mouvement diurne de la terre aux époques
de son périhélie & de son aphélie, a
donc des causes réelles, si l'on admet
mon système de l'électricité solaire,
& ces phénomenes pour lors entrent
dans le plan de l'harmonie de la nature : tandis qu'on n'en sauroit

trouver aucune dans le système de Newton comme je l'ai fait observer, d'après lequel système ces phénomenes restent inexplicables.

Second Phénomene.

CE second phenomene confiste en ceque la terre non feulement, mais auffi toutes les Planettes & même les Cometes ne fe meuvent point dans l'efpace pur & dans un vuide parfait ; mais dans un efpace du moins rempli de lumiere, qui eft, felon Newton, de la matiere. La lumiere étant donc de la matiere & un fluide doué de toutes les propriétés de la matiere, elle doit néceffairement s'oppofer au mouvement diurne de la terre en préfentant de la réfiftance à ce mouvement. En cela c'eft Newton même qui parle puifqu'il a démontré qu'aucun corps, ne fauroit fe mouvoir dans un fluide quelconque, sans perdre par une suite inévitable de la résistance que ce fluide oppose à son mouvement, une partie de ce mouvement. En vain un pompeux *distinguo* viendra nous apprendre que la lumiere étant un corps très-rare, peut bien empêcher l'existence du vuide réel & parfait, tel que celui de Newton, mais non pas celle d'un vuide relatif, que d'autres appellent aussi vuide sensible. Les uns entendent par un vuide relatif, un vuide qui ne peut être considéré comme tel, que relativement à la plus grande densité de la matiere contenue dans d'autres points de l'espace : les autres par un vuide sensible, un vuide qui n'est tel que relativement à nos sens qui ne pourroient recevoir aucune impression de la matiere qu'il contient. Telle est du moins ma maniere d'entendre ces deux mots. D'après quoi, pour répondre, comme il me paroit que je dois le faire, à ces deux objections, je demande.

Aux premiers. Si jamais Newton en admettant un vuide parfait, a prétendu n'admettre qu'un vuide relatif, tel que celui qu'il leur plaît de regarder comme méritant ce nom. En second lieu, supposant que leur réponse soit affimative, je demande s'il est possible que dans ce vuide qui n'est que relatif, les Planettes &c. puissent se mouvoir sans perdre une partie de leur mouvement. Car il est de toute évidence que quelque rare que puisse être la matiere contenue dans le vuide relatif, elle doit nécessairement opposer une résistence quelconque aux corps qui, se mouvant dans elle lui communiqueront en la déplaçant en partie pour se mouvoir, une partie de leur propre mouvement relative à celle qu'ils en perdront eux-mêmes. Quelque petite qu'on puisse supposer que soit cette perte, ne sera-t'il pas toujours clair qu'ayant eu lieu depuis le commencement du monde, elle

à

a du enlever aux Planettes à chaque
instant & à chaque point de leur
révolution une partie de leur mouvement. D'où il s'ensuivroit évidemment que l'ordre de la marche
de ces astres seroit présentement
altéré & leur vîtesse rallentie ; ce
qui est démenti par les observations.
Non seulement dans ce cas la vîtesse des Planettes seroit rallentie ,
mais comme elle se rallentiroit de
plus en plus, il faudroit nécessairement qu'elles s'arrêtassent un jour :
desorte que d'après cela il ne faudroit plus être prophete pour prédire
la fin du monde.

Aux seconds : Je demande , si l'on
peut appeller vuide sensible, ou plein
insensible, ce qui est la même chose,
un espace rempli de matiere sensible,
telle que la lumiere ; car la lumiere,
à en croire Newton, est effectivement
de la matiere & de la matiere com-
posée de corpuscules sensibles. Cela
est clair , puisqu'ils produisent sur

K

notre rétine la sensation de la vûe : ce qui prouve irrévocablement que la lumiere est impénétrable, car si elle étoit pénétrable, elle ne pouroit par son choc se faire sentir. D'ailleurs, autre phénomene qui frappera peut être davantage, c'est qu'elle met en mouvement un ressort de montre exposé à son action. D'où je concluds qu'il est demontré d'une maniere parlante, pour ainsi dire, qu'elle doit nécessairement opposer de la résistance au mouvement des corps qui en sont environnés. D'après cela, si les fauteurs du vuide tant relatif que sensible, persistent dans leur opinion sur la possibilité d'un mouvement d'impulsion dans un vuide de cette espece ; je leur conseille d'en venir au calcul ; car je suis très-persuadé que l'arithmétique ou l'algebre, s'ils veulent, saura les réduire au silence. C'est pourquoi sans m'étendre davantage ; je vais passer à la considération de la figure de la terre qui me paroit une dépendance de son mouvement diurne.

De la figure de la Terre.

LA figure de la terre n'est plus regardée de nos jours comme un problême. Tous les physiciens géographes &c. s'accordent unanimement à convenir, qu'elle forme un sphéroidal applati vers les poles, des opérations géometriques en ont même donné des démonstrations assez évidentes pour ne pouvoir être révoquées en doute; aussi n'est ce point le sentiment sur la figure de la terre que je prétends attaquer ici; car, je l'admets volontiers persuadé qu'il est très-bien fondé. Mais ce que je ne saurois croire, c'est que cette configuration du globe terrestre soit l'effet d'un cas fortuit, comme l'annonce assez clairement l'opinion ou

K 2

le système de Newton sur la cause
efficiente de la modification de notre
globe. Selon Newton donc, la figure de la terre n'est point primordiale, n'est point entrée dans l'ordre
de l'harmonie primitive de l'univers,
& n'a eu lieu que depuis la création ; desorte qu'elle est selon lui
une espece de désordre dans les
accords de la méchanique du monde. C'est du moins, s'il n'a dit ces
choses positivement, ce que semble
annoncer d'une maniere non équivoque son système sur la cause efficiente de cette configuration, que
voici.

D'après l'opinion de ce philosophe,
la terre fut créée parfaitement ronde;
mais comme tout corps mu en rond
tend, selon la doctrine de Descartes,
qui est aussi, sans doute, la sienne,
tout corps, dis-je, qui se trouve être
mu en rond, tend à s'éloigner du
centre de son mouvement par un
effort qu'il appelle effort centrifuge:

il a dû résulter conformément à cette
théorie , qu'une impulsion ayant
communiqué au globe terrestre un
mouvement de rotation autour de son
axe, qui est son mouvement diurne,
les terres qui forment les régions de
l'équateur sans cesse emportées par
ce mouvement diurne qui leur fait
décrire un cercle , ont dû en vertu
de l'effort centrifuge dont je viens
de parler, tendre insensiblement à
s'élever vers l'équateur, leur gravi-
tation vers le centre de la terre se
trouvant en partie détruite par l'effort contrifuge , & faire perdre avec
le tems à ce globe sa rondeur primitive , pour lui donner la forme d'un
sphéroïdal applati vers les poles &
renflé vers l'équateur, tel que celui
que présente effectivement la terre ,
& que nos géométres démontrent
lui appartenir. Quoi de plus beau &
de plus harmonieux que l'ensemble
de ce système ? Qui pourra nier que
l'effort centrifuge a dû faire élever

insensiblement les terres vers l'équateur pour produire l'effet qu'en déduit Newton? Personne assurément n'osera refuser d'admettre cette assertion, sur-tout, si l'on fait attention que Newton ne connoissoit pas encore la figure de la terre, lorsqu'il la déduisit si savament de ses principes, & que ses déductions se sont trouvées depuis confirmées par des démonstrations géométriques, dont l'infaillibilité ne doit laisser aucun doute sur la validité de ces déductions, & conséquemment aussi aucun doute apparent sur la vérité de son système, sur la cause efficiente de ce phénomene. C'est ce à quoi je l'aille à repondre, lorsque j'en aurai fait voir le spécieux & l'illusion.

Pour faire voir le spécieux du système de Newton sur la figure de la terre, il sembleroit peut-être que je vais nier l'effort centrifuge résultant du mouvement de rotation de ce globe autour de son axe, qui forme l'agent & la cause efficiente de ce phénomene. Point du tout, j'admets comme lui cet effort centrifuge qui va me fournir les objections que j'entreprends de lui opposer : desorte que ce sera encore Newton qui me fournira dans ce cas des armes contre lui-même.

Objections.

J'admets, dis-je l'effort centrifuge de Newton, & je pense qu'il a lieu pour les corps mus en rond, comme, par exemple, pour une pierre mue dans une fronde ; mais je ne puis point du tout me resoudre à croire que ce soit ce mêmee ffort centrifuge qui est la cause efficiente de la conformation du globe terrestre, de son élévation vers l'équateur ou de son renflement, & de son applatissement vers les poles. Voici sur quoi je me fonde dans mon opinion.

1°. Il me semble que si l'effort

centrifuge avoit eu affez d'efficacité
pour opérer la conformation de la
terre, pour faire élever les terres
fous l'équateur & les applatir fous
les poles ; il n'auroit du élever les
terres qu'avec beaucoup de lenteur ;
deforte qu'il auroit fallu des siecles,
pour ainfi dire, pour opérer une élévation fenfible ; car la folidité de la
maffe qu'elles forment, ne fauroit
leur permettie de s'élever en peu de
tems autant qu'elles le font ; c'eft-à-
dire, à la hauteur d'environ deux
cens lieues : tandis que les eaux de
la mer auroient du s'élever en moins
d'un mois, car leur fluidité leur per-
met cette élévation foudaine : deforte que toutes les régions fituées
fous l'équateur auroient du dans
cette hypothefe fe trouver tout au
plus dans l'efpace d'un mois après la
création, fe trouver, dis-je, enfeve-
lies fous plus de deux cens lieues
d'eaux en hauteur ; ce qui auroit affurément bien depaffé les fommets
des

des plus hautes montagnes. Cette
innondation, auroit sans doute, eu
lieu pour toute la circonférence de
la ligne, car la mer une fois élevée
à une certaine hauteur n'auroit pas
manqué de franchir ses limites pour
se répandre dans les terres , & sa
durée eut été de plusieurs années ;
car il auroit assurément fallu beaucoup de tems avant que les terres
eussent pu regagner une aussi grande
avance que celle qu'auroient eu sur
elles les eaux de la mer. D'après cela
je suis persuadé qu'il n'auroit rien
fallu de plus qu'un semblable effort
centrifuge pour opérer le déluge
universel, en supposant que la terre
contient une assez grande quantité
d'eau pour suffire à ce déluge. Tel
fut peut-être aussi le méchanisme
que le souverain des êtres employa
pour l'exécuter. Tout ce qu'il y auroit eu à faire dans ce cas n'eut con-
sisté qu'en une augmentation de vîtesse dans le mouvement diurne de

L

la terre, qui présente dans l'effort centrifuge un moyen très simple & très facile pour le créateur. Je m'écartes de mon sujet qui n'est point une dissertation sur la cause efficiente du déluge, mais bien sur celle de la figure de la terre.

En second lieu, il me semble que les eaux s'étant une fois élevées audessus du niveau des terres à la hauteur de deux cens lieues, ces terres n'auroient jamais pu regagner le dessus, comme il faudroit qu'elles l'eussent fait, pour que la terre puisse se trouver en l'état dans lequel nous la voyons aujourd'hui. Les eaux une fois dévenues supérieures aux terres auroient parcouru emportées par le mouvement diurne de la terre, de plus grands cercles que les terres qu'elles auroient récouvertes, auroient donc eu plus de vîtesse de mouvement que ces terres qui plus voisines du centre de mouvement auroient parcouru dans le même espace de tems de plus petits cercles. Elle se seroient donc trouvé jouir d'un plus grand effort centrifuge que ces terres, qui n'en auroient conséquemment eu qu'un moindre en raison de leur moindre vîtesse. Ces eaux auroient donc encore du non seulement garder pour cette raison plus long-tems le dessus des terres, mais comme elles auroient acquis proportionnellement à la plus grande étendue du cercle qu'elles auroient pour lors parcouru, un plus grand effort centrifuge, s'élever peut-être encore davantage.

Enfin pour ne point trop m'étendre sur un sujet qui m'écarte du principal de cet ouvrage, je finis en passant sous silence plusieurs autres réflexions que j'aurois pu opposer au système de Newton, sur la cause efficiente de la configuration de la terre, & j'en viens à mon propre système sur ce phénomene.

Mon opinion sur la configuration de la Terre.

Mon système sur la cause efficiente de la configuration de la terre, consiste à n'en admettre aucun, & je pense que ce globe à reçu du même créateur qui lui à donné l'être, la figure qu'on lui à reconnu aujourd'hui. Ainsi donc, selon moi, c'est Dieu même, qui, cause efficiente immédiate de la figure de la terre, en à fait un sphéroïde renflé vers l'équateur & applati vers les poles; desorte que cette figure qui modifie notre globe n'est point dutout l'effet du hazard, ni accidentelle; mais bien une modification nécessaire & absolument nécessaire, qui est entré dans l'ordre harmonieux du plan de l'univers. D'après ce sentiment voici ma manière de rendre raison de cette nécessité de la figure de la terre, d'après mon système de l'électricité solaire.

Si la terre aulieu de former un sphéroïdal applati vers les poles, se fut aucontraire trouvé former une sphére parfaite, lorsque la main dutout puissant la plongea, ceci n'est qu'une hypothése, dans la sphére d'activité de l'électricité solaire, il n'y auroit eu aucune raison pour laquelle elle dut tourner selon le plan de l'équateur autour de son axe que nous considerons comme passant d'un pole à l'autre, plutôt que dans le plan d'un méridien quelconque ; ce qui auroit pour lors placé son axe dans le plan de l'équateur ; car l'un & l'autre de ces mouvement lui auroit été également facile, ayant par sa configuration une semblable disposition tant à l'un qu'à l'autre. Cette égale disposition est évidente ; car l'action de l'électricité solaire se trouvant absolument la même rélativement à ces deux sens, elle auroit pu pareillement imprimer à la terre du mouvement en ces deux sens, soit à la fois comme cela est très possible, soit seulement alternativement. Je dis même plus peut être en seroit il encore résulté un plus grand nombre de mouvemens différens, d'après cela que seroit devenue l'harmonie des mouvemens de cette Planette, qui se seroit trouvée tourner sur elle-même tantôt en un sens tantôt en un autre, ou même en plusieurs à la fois ? Que seroit devenue la régularité de son mouvement diurne? que seroient devenus le jour & la nuit, les saisons & les productions de la terre qui dépendent de ces phéno-menes ? Que serions nous devenus nous mêmes aussi sur un globe agité & tourmenté de la sorte? Quels dé-sordres ne seroient pas résultés de tant de mouvemens divers ? Quel mélange confus de contrastes des-tructifs de chaleur, de froid, n'au-roient pas éprouvé à chaque instant, pour ainsi dire, les diverses régions de la surface de la terre ? Eut il jamais été possible que la nature pût subsister sur une terre qui auroit éprouvé de semblables révolutions & y fleurir comme elle le fait depuis tant de siecles ? La réponse n'est pas, je crois, bien difficile à trouver.

La terre au contraire se trouvant former un ellipsoidal semblable à celui qu'elle forme réellement, il n'en sera plus comme précédemment & ce globe ne poura plus avoir qu'un seul mouvement circulaire, qui pour lors se trouvera nécessairement déterminé à avoir lieu selon le plan de l'équateur, il sera bientôt facile de juger de la vérité de cette opinion voyez figure 5e.

Soit A, le globe terrestre vu d'un point au dessus de l'équateur, présentant dans cette perspective deux diametres de différentes longueurs, dont l'un CC, passe d'un pôle à l'autre, & répréfente ce qu'on appelle l'axe de la terre, autour duquel axe ce globe fait sa révolution diurne , & dont l'autre DD, peut être consideré comme la ligne même de l'équateur.

Supposons que le globe A, fasse autour de son centre B, une révolution sur lui-même. Il est clair que les points CC, de la surface de la terre lorsqu'ils seront tournés vers le Soleil S, & que les poles se trouveront, c'est-à-dire, l'un ou l'autre, se trouveront regarder le Soleil S, la surface des régions polaires qui environnent les points CC, seront plus éloignés de cet astre que ne le font les régions qui environnent les points DD, lorsqu'elles se trouvent aux mêmes points ou je suppose les points CC, regardant le Soleil.

Les terres des points CC, se trouvant donc plus éloignés du Soleil, seroient moins attirés par l'électricité solaire que ne le seroient celles des points DD : elles devroient par conséquent être déterminées vers cet astre avec plus de lenteur, en raison de cette moindre énergie de l'action de l'électricité solaire sur ces régions & aussi avec moins de force. Il est donc tout naturel de conclure de la figure de la terre que les régions de l'équateur ont dû nécessairement être déterminées à regarder le Soleil par l'action de l'électricité solaire, plutôt que les régions polaires ; puisqu'elles ont du, comme je viens de le dire, se trouver plus efficacement attirées que les dernieres. D'après cela je continue toujours considérant la figure de la terre. Une région de l'équateur étant une fois déterminée pour la cause que nous venons de considérer à regarder le Soleil, la terre aura pour lors présenté à cet astre une hémisphére, ou pour parler plus correctement, un hémispheroidal elliptique, dont le plus grand diametre se sera trouvé dans le plan de l'équateur & le plus petit diametre dans le plan de l'axe de la terre, c'est-à-dire d'un pole à l'autre. Elle aura donc du en raison de la plus grande étendue qu'elle présente au Soleil dans le sens de l'équateur, & de là moindre étendue qu'elle présente a cet astre, dans la sens de son axe d'un pole à l'autre, recevoir dans le sens de l'équateur, une action plus multipliée de l'électricité solaire, rélativement à la plus grande étendue de ce diametre. Elle à donc du pour cette raison être plus efficacement animée en ce sens qu'en l'autre, elle à donc du tourner en ce sens plutôt qu'en l'autre, pour nous offrir son mouvement diurne tel qu'il est selon le plan de l'équateur & non pas selon le plan de l'un de ses méridiens.

On se persuadera encore plus volontier de cette vérité si l'on fait attention que l'applatissement du globe terrestre, vers les poles rend les terres de ces régions plus obliques à l'action du Soleil, par conséquent aussi a celle de l'électricité solaire que les points correspondans de la ligne équatoriale ; desorte que cette différence d'action devient encore une cause efficace pour déterminer le mouvement diurne de la terre à avoir lieu selon le plan de l'équateur, plutôt que selon le plan d'un de ses méridiens quelconque.

Observations.

La terre en tournant autour de son axe dans le plan de l'équateur, présente, à l'action des rayons du Soleil & de l'électricité solaire par conséquent, des points à peu près toujours également attirables en raison de leur position ; desorte que ce fluide agissant toujours avec une efficacité à peu près semblable, doit lui imprimer un mouvement uniforme & régulier en ce sens, comme l'est le mouvement diurne. Mais si la terre eut tourné selon le plan de l'un ses méridiens, pour lors présentant à l'électricité folaire des points tantôt plus attirables, tantôt moins attirables, en auroit reçu une action tantôt plus tantôt moins efficace, de laquelle il feroit néceffairement réfulté un mouvement non uniforme, qui auroit eu lieu tantôt avec plus de vîteffe, tantôt avec plus de lenteur par fecouffes fucceffives. Or un femblable mouvement feroit, en fuppofant fa poffibilité, évidemment plus laborieux qu'un mouvement uniforme. Il doit donc être opéré plus difficilement que le mouvement uniforme. La terre à donc encore du pour cette raifon tourner felon le plan de l'équateur plutôt que felon le plan d'un de fes méridiens.

Je pourrais auffi citer pour caufe déterminante de la direction de fon mouvement dans le plan de l'équateur plutôt qu'en tout autre fens, la figure de cette Planette, confiderée en elle même, abftraction faite de l'action différente de l'électricité fo-

laire ; car il eft clair que d'après la
configuration de la terre, il doit lui
être beaucoup plus facile de fe mouvoir en ce fens felon lequel elle fe
trouve dans un équilibre plus parfait
autour de fon centre, qu'en l'autre
felon lequel elle fe trouve dans un
équilibre moins parfait, & dans lequel fens il faudroit indifpenfable-
ment qu'elle fe meuve par fecouffes,
comme je l'ai deja obfervé.

Enfin fi l'on obferve que la terre
ne fe meut point dans le vuide parfait, comme le croyoit Newton, on
ne pourra s'empêcher d'accorder que
la figure de ce globe doit néceffairement le déterminer à exécuter fon
mouvement diurne felon le plan de
l'équateur & non felon le plan d'un
de fes méridiens : car il eft évident
que pour tourner en ce dernier fens,
il lui auroit fallu déplacer une affez
grande quantité du fluide environnant, perdre conféquemment fenfi-
blement une partie de fon mouve-

ment, pour en communiquer à la partie déplacée du fluide environnant; desorte que dans ce cas son mouvement seroit pour cette raison devenu plus laborieux, auroit nécessairement exigé une plus grande dépense d'activité motrice : tandis qu'en tournant dans le sens de l'équateur, elle ne doit avoir à essuyer que le frotement du fluide environnant, qui forme un obstacle moins difficile à vaincre que le précédent, qui doit conséquemment être plus problablement vaincu, & n'exige qu'une moindre énergie active pour ceder & cesser d'être un empêchement réel.

On sent bien, sans doute, que je suppose ici, que dans l'espace dans lequel se meuvent les Planettes & les Cometes, il se trouve aussi quelque matiere autre que l'électricité solaire; car puisque c'est ce fluide que j'admets pour cause efficiente du mouvement diurne de la terre,

il répugne évidemment qu'il puiffe
mettre obftacle à ce mouvement.
Auffi je le répéte je fuppofe ici l'exiftence d'un autre fluide dans les efpaces céleftes que parcourent dans
leurs révolutions les Planettes & les
Cometes; telle feroit par exemple,
une matiere éthérée femblable à
celle dont parlent plufieurs phyfi-
ciens, dont, fi je ne conçois pas
les idées contenues fous la fignifica-
tion de ce terme, je rapporte du
moins l'expreffion. Ce n'eft pas pour
cela que je croie, ni même que je
foupçonne l'exiftence de cette matiere éthérée dans les efpaces céleftes,
ne voyant aucune raifon de le faire;
mais je la fuppofe gratuitement, d'a-
près d'autres qui pour en avoir parlé
plus férieufement que moi ne l'ont
pas mieux démonftré. Je la fuppofe
dis-je, uniquement pour remplir
mes vues dans la fiction de mon hypothefe, mon intention n'étant point
du tout de la faire admettre, ni

réjetter pour telle cause que ce puisse être.

La terre une fois mise dans un mouvement de rotation autour de son axe selon le plan de l'équateur, à dû nécessairement persévérer de se mouvoir toujours de la même maniere ; car il est clair que la plus grande difficulté de ce mouvement supposé qu'il y en eu une réelle consistoit dans sa détermination. Cette détermination une fois fixée elle à dû naturellement n'éprouver aucun changement pour les mêmes raisons qui l'avoient déterminé ; aussi est-ce ce que l'on observe.

Telles sont les considérations qui m'ont engagé à réjetter le systeme de Newton sur la cause efficiente de la configuration de la terre, & à regarder cette configuration non comme une modification fortuite résultante d'un effort centrifuge , mais l'admettre comme une modification nécessaire & indispensable-

ment

ment atachée à l'harmonie de l'univers. C'est d'après cela que je la
considére comme l'œuvre de l'être
suprême qui la produit au tems de
la création pour en faire la cause
méchanique de l'harmonie que présente le mouvement diurne de la
terre que je viens de considérer par-
ticuliérement , & en même tems
aussi pour les mêmes raisons ceux
des autres Planettes & des Cometes,
auxquelles je joints encore le Soleil
à qui je soupçonne une figure elliptique semblable à celle de la terre ,
à quelques différences près , sans
doute , mais que je ne saurois déterminer ne les connoissant pas. Je suis
donc persuadé que les Planettes &
les Cometes ne sont point des globes
absolument sphériques , mais des
sphéroïdaux elliptiques, semblables
à celui que forme notre globe. Voici
ce sur quoi je me crois fondé dans
cette opinion. Les Planettes se trouvant rélativement à l'action de l'é-

M

lectricité solaire, dans le même cas que la terre, devroient si elles formoient des sphéres parfaites, éprouver les mêmes désordres que j'ai observés devoir résulter de cette figure pour ce globe, c'est-à-dire qu'elles devroient avoir des mouvemens de rotation autour de différens axes, à la fois ou alternativement, sans ordre & avec la plus grande confusion ; tout cela pour les mêmes raisons que j'ai déduites ci-devant. Or les Planettes, selon les astronomes, bien loin d'être les jouets de tant d'irrégularités, ont au contraire un mouvement diurne semblable à celui de la terre, qui s'exécute avec la même régularité. Il est donc plus que problable d'après la connoissance de ce mouvement diurne, qu'elles doivent aussi se trouver configurées de la même maniere ; puisque le même méchanisme devient également nécessaire pour elles comme pour la terre ; car il seroit

absolument impossible sans cela,
qu'elles puissent jouir des mêmes
avantages dont elles jouissent. Ainsi
les Planettes doivent aussi bien que
le globe terrestre avoir des poles
applatis comme les notre, & un renflement vers leur équateur qui sera
aussi pour elles le plus grand cercle
qui puisse être tracé sur leur circonférence. Le renflement des terres
équatoriales des Planettes, l'applatissement de leurs poles, ont-ils lieu
pour ces globes dans les mêmes proportions que pour le notre; ce sont
la des problemes dont la solution
me paroit un peu trop difficile pour
que j'ose présentement l'entreprendre. Quant à la figure du Soleil,
que je prétends former aussi un ellipsoidal, je me reserve d'en traiter
plus tard en traitant de son mouvement diurne, qui s'accomplit en
vingt cinq de nos jours, dont je
me propose de faire un article
séparé.

Remarque.

J'ai dit dans l'avant propos de cette seconde partie qu'il seroit indifférent pour l'efficacité des causes actives qui forment mon système, que les Planettes &c. fissent leurs évolutions dans le plein ou dans le vuide. Je semblerai peut-être à quelques uns entrer en contradition avec moi-même, lorsque je parle de la sorte; car comme rejettant le vuide de Newton, j'admets pour cause efficiente du mouvement de ces astres un fluide matériel qui les environne, aussi bien que la lumiere que je regarde comme une modification de ce fluide. Il est évident qu'elles ne sauroient d'après cela se mouvoir dans le vuide parfait, puisque dès qu'elles reçoivent l'action de ce fluide, elles ne peuvent-être dans le vuide que sa présence détruit, & que dès qu'elles seroient dans le

vuide parfait, elles ne sauroient recevoir l'action de ce fluide, qui
pour cette raison ne sauroit les
mettre en mouvement ; c'est pourquoi, je préviens que j'entends par
le vuide dont je parle dans ce cas,
la souftraction complette de toute
aute matiere que celle qui conftitue
l'électricité folaire, qui doit conféquemment pour que cette forte de
vuide hypothétique qui n'eft point
de l'efpace pur, puiffe avoir lieu,
fe trouver abfolument pure & fans
mélange ; que j'entends par plein
tout efpace dans lequel l'électricité
folaire fe trouveroit combinée avec
une matiere quelconque, fluide auffi,
qui lui feroit étrangere & formeroit
avec ce fluide, une combinaifon hétérogene qui à peut-être lieu ; car
les Planettes & les Cometes ne fauroient fe mouvoir dans le plein fo-
lide, auquel je n'ai point du tout
penfé en me fervant du mot plein ;
mais bien dans un plein fluide, dans

lequel leurs mouvemens peuvent
évidemment avoir lieu, de la même
maniere & aussi facilement que celui de la roue du tourne - broche
électrique, qui se meut dans l'air &
qui présente un exemple démonstra-
tif, de la possibilité du mouvement
des Planettes &c. dans un semblable
plein fluide, qui auroit quant à la
fluidité les mêmes propriétés & qui
est celui dont je veux parler en em-
ployant les mot plein.

Autre Remarque.

Quoique dans mon explication
du mouvement diurne de la terre
par l'action de l'électricité solaire,
j'aie recours à la sphéricité imparfaite de ce globe, pour faire voir
qu'elle à du opérer ce mouvement
en un sens plutôt qu'en un autre,
c'est-à-dire plutôt selon le plan de
l'équateur que selon le plan de l'un
de ses méridiens ; ce n'est cependant

pas pour cela que je croie réellement que ce fut effectivement cette
cause qui opera cette détermination
au commencement du monde. Je
me perfuade au contraire plus volontier que cette détermination eft
le fruit d'un acte de volonté expreffe
de la part de l'être créateur, qui l'a
voulu ainfi pour l'ordre & l'harmonie de l'univers ; car je fuis bien éloigné de vouloir admettre en cela
quelque jeu du hazard, comme on
pouroit peut-être le déduire de mon
explication. Je me fuis feulement
propofé en donnant à cet égard le
détail ci-deffus, de montrer la poffibilité phyfique de cette détermination, par les feules propriétés du
fluide actif que je regarde comme
la caufe efficiente de ce mouvement,
fans être forcé d'avoir tout de fuite
recours au bras du créateur. Il eft
vrai qu'il pouroit fort bien être que
fa fageffe fuprême ait employé pour
parvenir à cette fin, le méchanifme

que je viens d'esquisser plus haut.
Mais il me paroit fort imprudent de
hazarder aucune décision à cet
égard ; c'est pourquoi d'après les
détails que je viens de donner, je
laisse à chacun la liberté de penser
à son gré la dessus , d'adopter
l'opinion qui lui semblera la meil-
leure , & je quitte cette carriere pour
en venir au mouvement progressif
de la terre dans l'écliptique.

Du mouvement progressif de la Terre dans l'écliptique.

LE mouvement progressif de la
terre dans l'écliptique, qui est le second mouvement connu à ce globe ,
qui est aussi bien que le premier un
effet de l'électricité terrestre, peut encore nous fournir des exemples ; c'est
pourquoi , je vais encore puisque je
puis le faire, disposer les vues de mes
lecteurs , en commençant par leur
offrir

offrir l'exposition d'un phénomene, ou si l'on veut d'ume expérience électrique, qui présente un jeu fort analogue à celui que nous offre le mouvement progressif de la terre dans l'écliptique ou son mouvement circulatoire autour du Soleil.

Expérience Électrique.

L'expérience électrique que je viens d'annoncer n'a pas de nom particulier qui la désigne; c'est pour-quoi, je ne la crois pas aussi célébre & aussi généralement connue que j'aurois pu le desirer : mais il suffira de la répeter autant de fois que bon semblera pour lui donner toute l'au-tenticité dont-elle pouroit avoir be-soin. Pour faire cette expérience, il faut d'abord suspendre à un conduc-teur de machine électrique avec une petite chaîne, un globe de fer blanc où de de tolle : ensuite faire jouer la machine électrique pour produire

N

l'électricité en continuant jusqu'à ce qu'elle ait acquis le dégré d'activité nécessaire. Cette électricité se communiquera au globe de fer blanc par le fil de laiton ou de fer qui le suspend au conducteur; cela est tout simple. Lorsque vous jugerez ce récipient suffisamment chargé de fluide électrique pour produire une attraction & une répulsion bien caractérisées, vous prendrez un morceau de résine seche & la brulerez, vous dirigerez la fumée qui résultera de sa combustion, sur le globe de fer blanc attiré par l'électricité. A peine cette fumée se trouve-t'elle parvenue dans la sphére d'activité de l'électricité dont est chargé le globe de fer blanc, qu'elle est aussitôt attirée par cette électricité, ensuite repoussée, puis on lui voit prendre un mouvement circulatoire autour du globe, avancer circulairement autour de ce globe en formant une espece d'atmosphére tournoyante &

sans cesse en action, qui l'environne de tous côtés. Plus la fumée de cette résine brulée présentera un corps dense & opaque, plus la petite atmosphére qu'elle formera sera sensible & laissera facilement observer ses curieuses évolutions.

Si au lieu de cette fumée de résine, on présentoit à un pareil globe electrisé de petites boules d'une matiere fort legére, qui puissent à peu de chose près faire équilibre dans l'air. Pour lors l'expérience pouroit devenir plus intéressante & présenteroit un spectacle plus multiplié. On verroit à la fois ces petites boules tourner sur elles-mêmes autour de leur centre, & avancer par un moument progressif qui les feroit circuler autour du globe de fer blanc, qui joueroit pour lors à leur égard le même rôle que joue le Soleil à l'égard des Planettes, avec cette différence cependant que la circulation de ces boules ne feroit pas réguliere, comme le cours des aſtres ; car cette régularité de circulation & de rotation exigeroit qu'elles aient une régularité & une convenance de configuration, & peut-être auſſi de maſſe & de naturequ'elles n'ont'pas, & dont le deffaut les fait errer à l'avanture autour du globe de fer blanc ; tandis que le globe terreſtre & les autres Planettes, jouiſſant de cette convenance de conformation &c. exécutent pour cette raiſon autour du Soleil des révolutions réguliéres. D'après ce que je viens d'obſerver à ce ſujet en traitant de la figure de la terre, il eſt facile de concevoir la vérité de ce que j'annonce ici. Au reſte je pourai par la ſuite y revenir encore ; c'eſt pourquoi je paſſe tout de ſuite au mouvement progreſſif de la terre dans l'écliptique.

Du mouvement progreſſif de la Terre.

TElles ſont les expériences électriques ſur leſquelles je me fonde dans l'explication électrique du mouvement progreſſif de la terre dans l'écliptique ; c'eſt d'après elles qu'il me ſemble plus que probable que le fluide électrique terreſtre ayant réellement la propriété, ce que je crois évidemment démontré par les expériences ci-deſſus, de communiquer aux corps legers qui entrent dans ſa ſphére d'activité un mouvement de circulation autour des corps plus conſidérables ſur leſquels il ſe trouve accumulé, qu'il me ſemble dis-je plus que probable, qu'il en doit être de même du fluide électrique ſolaire, auquel j'attribue les mêmes propriétés qu'au fluide électrique terreſtre, & que ce fluide

N 3

électrique solaire, doit également
avoir la propriété de communiquer
aux corps qui se trouvent placés
dans sa sphére d'activité, comme,
par exemple, aux Planettes qui peuvent-être considérées comme ces
corps, un mouvement circulatoire
autour du Soleil, qui est le centre
d'activité & la source de ce fluide
du moins rélativement à notre systême planettaire. Dans la seconde
expérience, par exemple, qui me
paroit plus concluante en ma faveur, le mouvement de rotation des
boules sur elles mêmes autour de leur
centre, pourroit être considéré
comme représentant le mouvement
diurne de la terre, dont j'ai déjà
donné l'explication, & leur mouvement progressif circulatoire autour
du globe de fer blanc, comme re-
prénsetant le mouvement progressif
de la terre dans l'écliptique, dont je
traite présentement & dont je vais
exposer le méchanisme.

Méchanisme du mouvement progressif.

VOYEZ figure 4e. Lorsque le Soleil A, attire lui les diverses parties de la surface de la terre B, ces diverses parties de la surface de la terre B, ne sont pas attirées toutes vers le même point de la surface du Soleil ; mais vers différens points de cette surface du Soleil , dont toutes les parties exercent une partie de l'attraction générale qui est exercée par toute la masse du cet astre : ceci est clair. Ainsi le point 1 de la surface de la terre B, doit conformemnt à cette vérité se trouver attirée par le Soleil, selon la direction de la ligne 1, vers un autre point 1 de la surface de cet astre , lequel point 1, de la surface du Soleil correspond au point 1, de la surface de la terre. Le point 2 de la surface de la terre doit être attiré dans la direction de la ligne 2 vers le point 2 de la surface du Soleil qui lui correspond. Le point 3 de la surface de la terre B, doit donc être pour la même raison attiré dans la direction de la ligne 3 vers le point 3 de la surface du Soleil qui lui correspond ; & ainsi de suite de tous les autres points des surfaces tant de la terre que du Soleil qui viendront à se correspondre. Ensuite il en sera de même pour la répulsion ; le point 1 de la surface de la terre sera repoussé dans la direction de la ligne 1 par le point 1 de la surface du Soleil qui l'a attiré. Le point 2 de la surface de la terre, sera pareillement repoussé dans la direction de la ligne 2, par le point 2 de la surface du Soleil qui lui correspond. Il en sera encore de même du point 3, qui sera semblablement repoussé dans la direction de la ligne 3, par le point 3, de la surface du Soleil, & ainsi de suite de tous les autres

points qui viendront à se correspondre.

D'après cela qu'on suppose le
globe de la terre B, récemment
plongé dans la sphére d'activité de
l'électricité solaire, & sans aucun
mouvement. Ce fluide électrisera
aussitôt l'hemisphére de ce globe qui
regardera le Soleil ; si ce globe étoit
parfaitement sphérique & homogéne
dans toutes ses parties, l'hemisphére
qu'il présente aux rayons du Soleil,
se trouveroit pour lors également
électrisée, & électrisée avec la même
vîtesse dans toutes ses parties corres-
pondantes ; desorte que la répulsion
électrique qui succede à l'attraction
ayant lieu en même tems pour toutes
les parties de cette hemisphére, il
en resulteroit que ce globe seroit
tout simplement repoussé en arriere.
Mais comme le globe terrestre n'est
pas parfaitement sphérique, ni homogéne, il sensuivra que l'une des
deux moitiés de l'hemisphére qu'il

présente au Soleil, recevant plus favorablement que l'autre l'électricité solaire, soit en raison de sa conformation, soit en raison de la différente nature des terres qui la forment, soit même en raison de ces deux causes réunies, comme cela peut-être, sera plus promptement chargée & saturée de fluide électrique, que cette autre moitié d'hémisphére, qui recevra moins favorablement l'action de ce fluide. De cette sorte la moitié d'hémisphére la plus promptement saturée de fluide électrique, éprouvera conséquemment la répulsion électrique plus promptement que l'autre, qui n'étant point encore saturée d'électricité, sera encore attirée lorsque cette premiere sera repoussée. D'où il me paroit tout simple de conclure que le globe B, se trouvant attirée d'un côté tandis qu'il sera repoussé de l'autre, ne doit plus comme précédemment être repoussé en arriere ; mais éprouver en vertu de ces deux actions attractives & répulsives, un mouvement de rotation sur lui même, qui forme le mouvement diurne dont j'ai traité; mais dont cette répétition ne peut que donner une idée plus claire.

A présent supposons que la moitié d'hémisphére 1 du globe terreſtre B, ſoit celle qui, en faveur d'une plus heureuſe diſpoſition ſuperficielle, ou de la nature des terres qui la forment, ou à la fois de ces deux cauſes réunies, à reçu plus avantageuſement l'électricité ſolaire, qui s'eſt pour cette raiſon plus promptement accumulé ſur elle que ſur la moitié d'hémiſphére 3 qui lui eſt oppoſé. De cette ſorte, cette moitié d'hémiſphére 1, ſe trouvant ſaturée d'électricité ſolaire, avant la moitié d'hémiſphére 3, doit éprouver la répulſion électrique, tandis que cette autre moitié d'hémiſphére 3 n'éprouvera encore que l'attraction. Dans cette hypothéſe le point 1 ſera donc repoussé par le point 1 correspondant de la surface du Soleil, en faisant tourner le globe B sur lui même; tandis que le point 3 attirera vers lui dans la direction de la ligne 3, le point 3 de la surface de ce globe en tendant à le faire correspondre directement a lui, en imprimant au globe B, un mouvement de rotation sur lui même pour le diriger vers lui, en lui donnant une tendance progressive vers C, comme le fait la répulsion du point 1; & ainsi de suite des autres points qui succederont aux points 1 & aux points 3 de la surface du Soleil, & de la terre qui auront le même sort. D'où il suit clairement que le globe terrestre B doit par l'effet des mêmes causes actives qui lui donnent un mouvement de rotation sur lui même autour de son axe, se trouver en même tems emporté par un mouvement progressif vers C, lequel mouvement doit lui faire décrire la ligne BC, qu'on peut considérer comme un arc de l'écliptique que la terre parcourt par un mouvement progressif semblable. Voici donc ma maniere d'appliquer l'électricité solaire à l'explication du mouvement progressif de la terre, & l'exposition du méchanisme par lequel je conçois que doit être opéré ce mouvement, qui nous présente des phénomenes dont je vais entreprendre aussi l'explication comme de ses dépendances.

Phénomenes que présente le mouvement progressif.

Le premier phénomene que présente le mouvement progressif de la terre dans l'écliptique, c'est l'ellipticité de l'orbite qu'elle décrit; car comme tout le monde le sait, la terre aussi bien que toutes les autres Planettes dans sa révolution autour du Soleil, ne décrit point un cercle, mais un ellipse, dont le Soleil qui est pour toutes leur centre

de mouvement occupe le foyer. Ce
qui fait que la terre lorsqu'elle se
trouve parcourir les points de son
orbite elliptique qui font les plus
voisins du foyer qu'occupe cet astre,
se trouve plus près de ce même astre,
que lorsqu'elle parcourt les points
les plus voisins de l'autre foyer de
son orbite que n'occupe pas le Soleil : ce qui présente un double phénomene, une approximation de la
terre vers le Soleil, laqu'elle approximation lorsqu'elle se trouve la plus
grande possible, s'appelle son périhélie, & un éloignement de ce
même astre auquel on donne, lorf-
qu'il se trouve le plus grand possible,
le nom d'aphélie, qui font les résultats de deux mouvemens alternatifs
contraires, que l'observation de ces
phénomenes démontre appartenir à
la terre. De ces mouvemens l'un
rapproche la terre du Soleil, je l'appelle mouvemement approximatif ;
l'autre au contraire qui à lieu lors

de la cessation de ce premier, éloigne la terre du Soleil, & je l'appelle mouvement rétrograde, me servant d'un mot connu en astronomie, mais sous une autre signification ; c'est pourquoi, je prie d'y faire attention pour empêcher toute méprise. Le périhélie & l'aphélie de la terre présentent encore d'autres phénomenes qui les accompagnent, dont je me propose de donner aussi l'explication dans le même article, dans lequel je vais developper ma maniere de considérer les phénomenes du périhélie de l'aphélie de la terre, & des autres Planettes.

Du périhélie & de l'aphélie de la Terre

ON dit que la terre est dans son péihélie, lorsqu'elle est dans sa plus grande proximité du Soleil, & qu'elle parcourt l'arc de l'écliptique le plus voisin du foyer de l'ellipse

qu'elle forme, qui est occupé par
cet astre; & qu'elle est dans son aphélie, lorsqu'elle parcourt au contraire,
l'arc le plus voisin du foyer de son
orbite oppofé à celui qu'occupe le
Soleil. Dans ces deux ciconstances
la terre laisse obferver plusieurs phénomenes qui démontrent, comme
je l'ai deja fait voir ailleurs, l'in-
fuffifance du fyftême de Newton.
Ces phénomenes auffi bien que les
précédens, n'étant autre chofe, felon moi, que des effets de l'électricité folaire, je vais continuer de
fuivre la marche que je me fuis deja
tracée pour les explications précédentes, en commençant par l'expofition d'une expérience électrique
dans laquelle je ferai obferver de
femblables phénomenes; deforte
que lorfque j'enviendrai à ces explications, l'on ne verra plus dans les
mouvemens de la terre que des ré-
pétitions de phénomenes connus,
qui depouillés du mérite de la nou-
veauté,

veauté, ne préſenteront d'intéreſ-
ſant que l'harmonie démonſtrative
de leurs accords.

Expérience électrique.

L'expérience électrique que je
vais citer en faveur du périhélie de
la terre & de ſon aphélie, n'eſt pour
le fond rien autre choſe que celle
de l'atmoſphére formée par la fumée
de réſine ; mais executée un peu différemment. Elle emprunte de la un
air étranger ; elle ſe trouve également
ment fondée ſur l'attraction & la répulſion électriques, qui ſont les agens
des jeux ſuivans. Ces jeux qui ſont
par eux mêmes fort curieux, ne peuvent qu'acquérir un nouvel intérêt
par la comparaiſon que je vais en
faire avec les mouvemens approxi-
matifs & rétrogrades de la terre, pour
l'explication de l'aphélie & du périhélie de cette Planette.

Le poisson D'or.

Ayez une feuille d'or battu, d'une épaisseur encore suffisante pour lui laisser quelque consistance. Coupez dans cette feuille d'or un romboïde assez allongé, qui présente deux angles obtus qui se correspondent & deux angles aigus qui se correspondent donc aussi pareillement. On peut pour donner a ce romboïde une figure encore plus approchante de celle d'un poisson, faire l'un de ses angles aigus un peu plus court, conséquemment un peu moins aigu que l'autre. Après cela présentez ce romboïde de métal à un conducteur de machine électrique chargé d'électricité, de maniere que l'angle aigu le plus court s'éleve le premier vers le conducteur. Pour cela prenez le par son angle le plus aigu & le plus allongé qui représente la queue de cette figure de

poiſſon, & le préſentez à ce conducteur par l'angle le plus obtus & le
plus court, à une diſtance plus ou
moins grande ſelon la force de l'é-
lectricité. Vous verrez auſſitôt cette
figure ou poiſſon, s'échapper d'entre
vos doigts & voler en ondoyant
comme un poiſſon vers le conducteur, au deſſous duquel il ſe placera
par un effet de ſa péſanteur qui le
fait tendre vers le centre de la terre.
Cette petite figure de poiſſon tantôt
s'approchera du conducteur de fort
près, tantôt s'en éloignera à une
certaine diſtance, pour s'en rapprocher encore enſuite, jeu qui repré-
ſentera l'action d'un poiſſon qui vou-
droit aller mordre le conducteur,
& c'eſt d'après cette idée que les
inventeurs de cette expérience lui
ont donné le nom de poiſſon d'or.
Je pourois encore également citer
pour cela d'autres expériences, mais
une ſeule me paroit ſuffiſante.

Explication.

C'est donc d'après l'expérience du poisson d'or que je vais entreprendre l'explication des divers phénomenes que présente le mouvement progressif de la terre, à laquelle selon moi l'électricité solaire fait jouer le même role rélativement au Soleil, que joue cette machine animée par l'électricité terrestre rélativement au conducteur électrique : mais suivons la comparaison de point en point.

Le poisson d'or à peine plongé dans la sphére d'activité de l'électricité terrestre, ou pour me servir d'un terme usité dans l'atmosphére électrique du conducteur, se trouve aussitôt animé par le fluide électrique qui l'attire & le dirige vers le conducteur centre d'activité de l'atmosphére qu'il forme. Il s'approche de ce centre par un mouvement sensiblement rectiligne.

La terre une fois plongée par la main du créateur dans la fphére d'activité de l'électricité folaire, au point de fon aphélie, par exemple, doit donc en vertu des mêmes propriétés dont jouit ce fluïde, en être animé de la même maniere, en être attiré vers le Soleil qui eft fa fource & fon centre d'activité, par un mouvement rectiligne femblable, cela eft clair.

Le poiffon d'or qui ne forme qu'un corps très léger, qui n'a qu'un très petit efpace à parcourir, exécute fon mouvement d'aproximation en très peu de tems.

La terre au contraire forme un corps infiniment plus confidérable, d'une gravité infiniment fupérieure, à un efpace infiniment plus grand à parcourir. Elle doit donc oppofer plus de réfiftance à l'action de l'électricité folaire, & ne terminer fa courfe d'aproximation, qu'en un efpace de tems beaucoup plus long,

ce tems doit être rélatif à sa gravité
& à l'espace qu'elle a à parcourir.
Il ni a donc rien d'étonnant d'après
cela, si la terre emploie six mois à
exécuter son mouvement d'approximation.

Le poisson d'or a qui sa figure &
sa pésanteur qui le fait tendre vers
le centre de la terre, ne permettent
point de mouvement de rotation sur
lui-même, ni de mouvement progressif circulatoire autour du conducteur, va par son mouvement d'approximation répondre au point du
conducteur qui regarde le point d'où
il est parti. Je suppose ici qu'il ait
été présenté exactement au-dessous
du conducteur ; car il n'en seroit
pas de la sorte si on le présentoit de
côté, ou audessus, puisque dans ce
cas il seroit entraîné au-dessous par
sa pesanteur.

La terre n'acheve son mouvement
d'approximation que dans l'espace
de six mois, pendant lequel espace

de tems, elle exécute en vertu de
ſon mouvement autour du Soleil,
une demi révolution autour de cet
aſtre. Elle ne doit donc pas ſe diriger vers le point de la ſurface de
cet aſtre qui regarde celui d'où elle
eſt partie, je ſuppoſe ici le Soleil
immobile ; mais aller terminer ſa
courſe vers le point oppoſé à celui
qui regarde le point d'où elle eſt
partie, en décrivant une courbe de
nature différente de celle du cercle.

Le poiſſon d'or, en approchant
du conducteur ſe charge d'électricité, en une quantité rélative à ſa
maſſe & à ſa plus ou moins grande
affinité avec le fluide électrique.

La terre en s'approchant du Soleil
doit pareillement ſe charger d'électricité ſolaire en quantité plus ou
moins grande, rélativement à ſa maſſe
& à ſon affinité plus ou moins parfaite avec ce fluide.

Le poiſſon d'or en même tems
qu'il ſe charge d'électricité en s'ap-

prochant du conducteur, éprouve par l'angle opposé à sa tête que regarde le conducteur, une déperdition continuelle de ce fluide; mais comme cette déperdition n'est point égale à la quantité qu'il en reçoit du conducteur, il ne laisse cependant pas de s'en charger & de s'en saturer. On entend bien, sans doute, à présent ce que je veux dire par ce terme.

La terre épouve pareillement tous les jours pour la possibilité de son mouvement diurne, une déperdition continuelle d'une partie du fluide électrique solaire dont-elle se charge; mais comme cette déperdition continuelle, n'est point égale à la quantité qu'elle en reçoit continuellement du Soleil: elle doit indépendemment de cela continuer de s'en charger de plus en plus; enfin s'en saturer de la même maniere & pour la même raison que le fait le poisson d'or.

Le

Le poisson d'or une fois saturé d'électricité solaire, cesse d'être attiré par le conducteur. Il en est au contraire repoussé pour lors, & il s'en éloigne à une certaine distance. La terre une fois saturée d'électricité solaire, doit pareillement cesser d'être attirée par le Soleil, cesser de s'en approcher & se trouver pour lors à sa plus grande proximité de cet astre que les astronomes appellent son périhélie, pour en être ensuite repoussée à une distance aussi limitée.

Le poisson d'or saturé d'électricité solaire, se trouve repoussé du conducteur par la même route qu'il à suivie lorsqu'il s'en est approché ; cela, parce que sa pésanteur & sa figure ne lui permettent ni mouvement de rotation, ni mouvement circulatoire autour du conducteur. Il parcourt visiblement en un tems égal des espaces égaux, tant en se retirant du conducteur qu'en s'en approchant.

P

La terre saturée d'électricité solaire, doit pareillement être repoussée du Soleil en parcourant dans sa retraite aussi bien que le poisson d'or des espaces égaux à ceux qu'elle a parcourus dans son approximation en des tems égaux. Desorte qu'au bout de six mois, elle doit se trouver aussi éloignée du Soleil qu'elle en étoit d'abord, comme pendant cet espace de six mois, elle a encore fait une demi révolution entiere autour de cet astre ; ce qui fait qu'au lieu d'occuper alors un point correspondant à celui de la surface du Soleil d'où elle a été repoussée, elle va au contraire répondre à un autre point absolument opposé à ce point, en parcourant d'une maniere inverse une courbe semblable à celle qu'elle a parcourue en s'en approchant, & se trouve par ce moyen avoir achevé de parcourir toute l'écliptique, & occuper une seconde fois le point de son aphélie, ou je l'ai supposé primitivement placée par la main du createur.

Le poisson d'or pendant sa retraite ou son éloignement, perd succssive-ment une partie de son électricité, jusqu'à ce que suffisamment chargé de ce fluide, il cesse d'être repoussé devient susceptible d'une seconde attraction, qu'il éprouve bientôt, en vertu de laquelle il s'approche une seconde fois du conducteur de la même maniere qu'il l'a fait d'abord, pour en être encore repoussé comme la premiere fois, & ainsi de suite pour les mêmes raisons; jusqu'à ce que le conducteur, cesse d'être char-gé d'une assez grande quantité d'é-lectricité, pour que l'énergie active de ce fluide soit assez puissante pour l'animer de la sorte.

La terre doit donc pareillement perdre en s'éloignant du Soleil une partie de l'électricité solaire dont-elle est chargée, jusqu'à ceque suffi-samment dechargée de ce fluide ,

P 2

elle cesse d'être repoussée de cet astre en devenant susceptible d'en être attirée une seconde fois, & c'est ce qui arrive six mois après son périhélie. Elle se trouve conséquemment pour lors dans son aphélie ou dans son plus grand éloignement du Soleil. La terre cessant donc dans ces circonstances d'être repoussée du Soleil, cesse de s'en éloigner pour en être au contraire attirée une seconde fois de la même maniere que la premiere, en rejouant le même rôle dans son mouvement d'approximation, pour en être repoussée ensuite en la maniere que je viens d'exposer, décrire continuellement dans sa course circulatoire autour du Soleil une courbe semblable à celle que nous appellons l'écliptique & nous offrir successivement les divers phénomenes que nous présentent alternativement le périhélie & l'aphélie de cette Planette. De cette sorte le mouvement pro-

gressif de la terre dans l'écliptique
est composé de trois mouvemens
différens aussi bien que selon le systême de Newton, d'un mouvement
progressif qui tendroit à faire décrire
un cercle à cette Planette, d'un mouvement rectiligne d'approximation,
qui tend à la rapprocher du soleil,
enfin d'un mouvement rétrograde
qui tend à l'éloigner de cet astre.

***

Autres Phénomenes du mouvement progressif de la Terre.

ON remarque que la terre &
toutes les autres Planettes généralement, ne se meuvent point unifor-
mément dans leurs orbites, qu'elles
ont au contraire divers degrés de
vîtesse, selon les différens arcs de
ces orbites qu'elles parcourent. On
remarque, dis-je, qu'elles se meuvent plus vite dans leur périhélie que
dans leur aphélie. Kepler dont j'ai

P 3

déja cité les loix aſtronomiques, qui
concernent ces diverſes vîteſſes de
mouvement, trouva & démontra
que ces vîteſſes différentes du mouvement progreſſif des Planettes, ſont
telles qu'elles bordent toujours des
aires égales en tems égaux, du moins
à peu près, ſelon moi; car je ne ſuis
gueres diſpoſé à croire une exactitude réelle dans cette marche des
Planettes. En ſecond lieu que le mouvement diurne de ces Planettes ſe
trouve auſſi accéléré dans les mêmes
circonſtances ſelon les mêmes proportions: ce qui annonce une liai-
ſon intime entre les phénomenes,
deſorte que d'après cela je me crois
bien fondé à leur aſſigner une même
cauſe efficiente. Ainſi donc d'après
cela perſiſtant dans l'opinion que
j'ai embraſſée en expliquant l'accélération du mouvement diurne de la
terre, je ne crains pas d'en aſſigner
la même cauſe efficiente que je
trouve encore dans l'électricité ſo-

solaire dont je vais me servir pour leur explication.

Explication.

J'ai dit en donnant l'explication de l'accélération du mouvement diurne de la terre dans son périhélie, que ce Phénoméne est un effet de la plus énergique activité de l'électricité solaire, qui agissant comme la lumiere du Soleil, avec une efficacité qui est en raison inverse du quarré des distances de son centre d'activité, qui est le centre du Soleil, anime plus vigoureusement cette Planette, lorsque dans son périhélie, elle se trouve plus voisine de cet astre, que lorsque dans son aphélie elle s'en trouve plus éloignée. Si donc il en est ainsi comme je crois évident que cela droit être, il ne devra plus sembler étonnant que la terre & les autres Planettes, qui operent leur mouvement diurne plus promptement dans leur périhélie parce qu'elles reçoivent une action plus énergique de l'électricité solaire, exécutent aussi pareillement avec plus de vîtesse dans cette circonstance leur mouvement progressif, qui est aussi un effet de l'électricité solaire; car si elle donne lieu au premier phénomene, il est clair qu'elle doit également donner lieu au second, qui pourroit fort bien n'être considéré que comme un résultat de ce premier; aussi n'est-il effectivement rien autre-chose. Il est facile de se convaincre de cette vérité en étudiant bien les explications que j'en ai données.

Semblablement l'on se persuadera très volontiers que la terre doit exécuter moins promptement son mouvement progressif, lorsqu'elle se trouve dans son aphélie, parce qu'elle reçoit dans cette circonstance de l'électricité solaire, une action moins énergique, qui lui faisant exé-

cuter son mouvement diurne avec
plus de lenteur, doit aussi pareillement lui faire exécuter son mouvement progressif avec une moindre
vîtesse.

La vîtesse des mouvemens diurnes
& progressifs de la terre étant pro-
portionnés à l'énergie de l'action de
l'électricité solaire, qui en est la
cause efficiente; il est clair qu'elle
doit être modifiée de maniere à
quadrer en tous tems avec l'action
de cette électricité. Si cette vîtesse
est la plus grande possible lorsque la
terre dans son périhélie, en éprouve
l'action la plus énergique, & la
moindre possible lorsque dans son
aphélie, elle se trouve en éprouver
au contraire l'action la moins énergique; elle doit nécessairement se
trouver moyenne entre ces deux vîtesses, lorsque cette Planette se
trouve à sa moyenne distance du
soleil. Enfin elle doit dans tous les
points de l'orbite de la terre, se

trouver variée, rélativement aux
distances qui séparent ces points du
soleil, qui lui permettront de recevoir d'une maniere plus ou moins
énergique & efficace l'action de
l'électricité solaire. Et voici selon
moi la cause pour laquelle la terre
& les autres Planettes parcourent en
tems egaux, non des acrs égaux,
mais des aires égales, c'est-à-dire,
qu'elles bordent ces aires, selon les
observations & en suivant les loix
de Kepler avec une régularité sensible, dans la description de leurs
orbites.

De la vîtesse respective des Planettes

IL me paroit aussi tout naturel de
déduire de l'article précédent, que
c'est encore à la cause qui fait que
les Planettes se meuvent plus vîte
dans leur périhélie que dans leur
aphélie, qu'on doit attribuer la va-

riété, qui regne entre les vîtesses respectives des mouvemens progressif de toutes les Planettes. Ainsi saturne qui se trouve plus éloigné du soleil que Mars, doit nécessairement en raison de son plus grand éloignement, recevoir du soleil une action, moins énergique moins efficace que celle qu'en reçoit Mars : il doit donc être pour cette raison moins activement animé que Mars par cette électricité ; il doit donc exécuter moins rapidement son mouvement diurne & avancer avec une moindre vîtesse en décrivant de plus petits arcs que ceux que decrit Mars en tems égaux. D'après ces considérations il est clair que saturne doit employer plus de tems que Mars pour achever son mouvement annuel & sa révolution entiere autour du soleil, & cela pour deux raisons 1°. Parce qu'il à une orbite beaucoup plus grande à parcourir 2°. Parce qu'il n'a pour parcourir cette orbite beaucoup plus grande qu'une moindre vîtesse progressive.

Je n'offre aucun calcul pour appuyer mon système ; car électricité solaire agissant comme l'attraction newtonienne en raison inverse du quarré des distances qui se parent du soleil les points ou elle à son action, il est clair que ses effets doivent être les mêmes que ceux de cette attraction, c'est-à-dire présenter les mêmes proportions ; desorte que nos opérations si elles étoient bien faites ne pouroient gueres présenter d'autres résultats que ceux que présentent les calculs de Newton sur l'attraction ; c'est pourquoi je me fais présentement le plaisir de citer les travaux de ce philosophe, qui sont aussi démonstratifs en ma faveur qu'il les à cru en faveur du sien. Au reste je pourai par la suite entreprendre quelques opérations arithmétiques sur ces objets, si le desirs du monde savant m'y engage.

Remarque.

Je ne puis m'empêcher de faire observer que dans mon systême sur la cause efficiente du mouvement des Planettes, il se présente à chaque pas, pour ainsi dire, des phénomenes qui démontrent l'absurdité de l'opinion de Newton sur la cause efficiente de la figure de la terre, & prouvent la nécessité indispensable de cette conformation de notre globe, qui indivisiblement attaché à l'harmonie de notre univers, doit absolument être une modification primordiale. Si la terre eut été parfaitement sphérique, il auroit résulté de cette configuration, comme je l'ai deja dit, qu'au lieu d'avoir un mouvement de rotation diurne reguliérement exécuté selon le plan de l'équateur, elle auroit pu & même dû en avoir en tout autre sens, peut-être en plusieurs à la fois. Je l'ai fait

voir, son mouvement progressif
étant comme je viens de le dire un
résultat de son mouvement diurne,
il est tout naturel de se persuader que
dans ce cas la terre n'auroit pas eu
un seul mouvement progressif, tel
que celui qui lui fait parcourir réguliérement son orbite; mais autant
de mouvemens progressifs en tems
différens, qu'elle auroit eu de mouvemens de rotation sur elle même:
desorte qu'emportée à la fois ou
successivement peut-être, par ces
divers mouvemens progressifs, elle
n'auroit jamais pu décrire l'écliptique, mais auroit dans sa course
incertaine erré çà & là autour du
soleil, au gré de ses divers mouvemens de rotation que le hazard seul
auroit déterminés tantôt en un sens
tantôt en un autre indifféremment.
Il en eut été de même de toutes les
Planettes & les Cometes, qui se
trouvant dans le même cas n'eussent
cernainement pu éviter d'avoir un

pareil sort. Que seroit devenue pour lors l'harmonie si merveilleuse de l'univers? Aurions nous jamais pu subsister sur une terre ballotée de la sorte. D'après cela pourai-je être blamé de rejetter le système de Newton.

Qu'on rejette au contraire toute influence fortuite, qu'on admette que la figure de la terre est une modification primordiale; tout desordre s'évanouit. La terre obéissant à des loix certaines, prend un cours régulier, exécute réguliérement son mouvement diurne selon le plan de l'équateur, décrit dans sa course circulatoire autour du soleil, une orbite réguliere sans s'en écarter jamais assez pour produire aucun desordre: il en est de même des autres Planettes: enfin l'harmonie céleste se rétablit pour nous offrir l'ordre merveilleux qu'elle nous fait admirer en elle. Est-ce donc sans raison que je regarde la figure de la terre comme une modification primordiale. Est-ce donc aussi sans raison que j'annonce que les autres Planettes & les Cometes doivent jouir d'une modification semblable.

De l'ordre local des Planettes.

D'APRÈS la cause efficiente que je viens d'assigner aux mouvemens des Planettes, on pouroit avec raison me demander, pourquoi ces globes divers qui n'ont dans mon système qu'un seul agent, l'électricité solaire, nous font cependant observer des phénomenes différens. Pourquoi, par exemple, peut-on me demander, toutes les Planettes ne se meuvent pas à une égale distance du soleil ? Pour prevenir cette objection que je regarderois comme bien fondée & qu'on auroit également pu présenter à Newton, je me la présente moi-même & je vais y répondre.   Premiérement,

Premiérement, je réponds à cette objection en chrétien, comme Newton l'auroit sans doute fait, si elle lui eut été présentée, que telle fut la volonté de l'être suprême qui à voulu que les choses existassent en cet état pour l'harmonie de l'univers que tout autre ordre auroit pu troubler; car peu partisan des merveilles du hazard, j'aime à reconnoître dans toutes les opérations de la nature une volonté expresse & un acte de la sagesse infinie du créateur.

Ensuite je réponds en physicien & j'assigne des causes physiques à ce phénomene. L'ordre local des Planettes est donc, selon moi, un phénomene électrique & un effet de l'électricité solaire, ce phénomene est l'effet de la différente saturabilité électrique dont jouissent chacunes des Planettes. J'entends pas différente saturabilité électrique une affinité différente qui se trouve regner

Q

entre l'électricité solaire & les ma-
tieres composantes des Planettes
prises chacunes en particulier, qui
fait que pour se saturer d'électricité
solaire, les unes n'ont pas besoin
d'approcher le Soleil d'aussi près que
les autres. Je ne puis à la vérité donner de l'existence de cette différente
saturabilité une démonstration absolument géométrique ; mais j'ai du
moins en ma faveur des présomp-
tions assurement bien puissantes, que
j'oserois même pour ainsi dire regarder comme péremptoires. Les
voici, les Planettes sont toutes de
différentes masses, ceci est démontré
& visible : pourquoi la matiere qui
les compose ne pouroit pas également pour toutes se trouver de différente nature, l'un est-il plus impossible que l'autre. N'est-il pas au
contraire très probable qu'il en doit
être de la sorte, 1°. si se trouvant
dans des circonstances différentes
comme elles se trouvent effective-

tivement , ces circonstances différentes semblent exiger qu'elles soient
chacunes composées de matiere de
différente nature 2°. Si l'on observe réellement que la lumiere qu'elles
nous refléchissent chacunes offre des
différences dans sa couleur & dans
sa vivacité &c. 3°. Si les premiers
d'entre les savans modernes, si des
hommes qui possedent ce que la physique peut présenter de connoissances les plus profondes, ont jugé d'a-
près les circonstances dans les-
quelles se trouvent les Planettes,
qu'elles doivent nécessairement être
de différentes densités, pour pouvoir
subsister telles quelles sont, s'ils en
ont donné des preuves raisonnablement admissibles &c. Oui assurément, on ne doit donc pas croire
qu'il est plus absurde d'admettre que
les Planettes sont composés de ma-
tiers différentes en nature pour chacune d'elles, que d'admettre qu'elles
sont toutes de différentes densités ;

puisque cette vérité étant admise, la
seconde qui en découle nécessairement doit l'être également, & aussi la
différente saturabilité dont je parle
qu'on peut pareillement déduire de
l'une & de l'autre de ces vérités.

S'il est, vrai que les Planettes,
comme je viens de le dire, soient
toutes de différentes masses, de différentes densité, de différente na-
tures rélativement à la matiere qui
les compose. Elles doivent nécessairement aussi avoir différens dégrés
d'affinité avec les rayons du Soleil
& l'électricité solaire ; ce qui forme
ma différente saturabilité. D'après
cela les unes seront susceptibles de
s'en charger & de s'en décharger
plus promptement, les autres plus
lentement, les unes plus facilement
les autres plus difficilement, & présenteront un mode d'existence que
j'appelle différente saturabilité. C'est
selon moi, cette différente saturabilité, qui maintient l'ordre que sui-

vent entr'elles dans leurs courses les Planettes & les Cometes, pour les quelles j'admets encore la même cause d'harmonie : d'après laquelle différente saturabilité, voici ma maniere de concevoir le phénomene de l'ordre l'ocal des Planettes &c.

Je pense donc que les Planettes les plus éloignées du Soleil, sont celles qui sont le plus facilement saturables d'électricité solaire, soit en raison de leur masse, qui étant plus considérable me semble parler en ma faveur, soit en raison de la nature de la matiere qui les compose. Les Planettes les plus voisines du Soleil sont au contraire, selon moi, d'une saturabilité plus difficile que les premieres. Leur moindre masse parle encore, je crois, en ma faveur. Ainsi les Planettes les plus éloignées du Soleil, jouissant d'une saturabilité plus facile que les plus voisines, n'ont pas besoin pour se saturer d'électricité solaire, de se trouver dans des circonstances aussi favorables, d'approcher aussi près du Soleil que celles qui en sont voisines, qui jouissent au contraire d'une saturabilité plus difficile : car cette plus difficile saturabilité exige que ces dernieres reçoivent une plus grande abondance d'électricité solaire & se trouvent conséquemment plus près du centre d'activité de cette électricité solaire.

D'après ce principe, que Mercure & Saturne, par exemple, soient en même-tems plongés dans la sphere d'activité de l'électricité solaire, tous deux a égales distances du Soleil. Ces Planettes seront aussitôt attirées l'une & l'autre vers le soleil par l'électricité solaire, & seront emportées par un mouvement approximatif vers cet astre qui est le centre d'activité de l'électricité solaire. Cette électricité solaire pendant le mouvement approximatif de ces Planettes s'accumulera sur elles

de plus en plus, jusqu'à ce qu'elles
en soient saturées. Mais comme elles
jouissent de différente saturabilité, la
saturation n'aura pas lieu en même
tems pour toutes les deux. Saturne
qui jouit d'une plus facile saturabilité
que Mercure, n'aura pas besoin pour
se saturer d'électricité solaire d'approcher le soleil d'aussi près, de se
trouver aussi près de son centre d'activité pour en recevoir aussi favorablement l'énergie active : elle se saturera donc d'électricite solaire à une
plus grande distance que Mercure ;
une fois saturée de ce fluide cette
Planette cessera d'être attirée par
l'électricité solaire vers le soleil. Son
mouvement approximatif finira ; car
dès l'instant de sa saturation, la répulsion succedant à l'attraction ar-
retera ce mouvement approximatif.
Elle cessera de s'approcher du soleil
pour en être repoussée. Cette Planette fera donc pour lors dans sa
plus grande approximation du soleil ;

puisque dès qu'une fois la saturation
ayant lieu pour elle l'attraction cessera, la répulsion qui résultera de
cette saturation l'éloignera de cet
astre, jusqu'à ce qu'elle soit suffisamment déchargée du fluide électrique solaire pour éprouver une seconde attraction, qui ne l'en approchera pas plus près que la premiere.
Voyez l'article du périhélie.

Mercure au contraire est doué
d'une saturabilité plus difficile que
Saturne : il ne poura donc être saturé
d'électricité solaire à une aussi grande
distance du soleil que Saturne ; car
le fluide électrique solaire se trouve
à cette distance trop rare pour que
sa saturation puisse avoir lieu. Il s'a-
vancera donc plus près du soleil vers
lequel il se trouve dirigé par l'attraction électrique & ne cessera de s'en
approcher que lorsque parvenu à
une distance ou l'électricité solaire
se trouvant avoir assez de densité
pour le saturer, il se saturera pour
lors

lors de la même maniere que Saturne.
Une fois Mercure saturé d'électricité,
il cessera à son tour de s'approcher
du soleil & sera pour lors dans sa
plus grande approximation de cet
astre. Il en sera repoussé après sa
saturation comme Saturne, & il se
trouvera semblablement fixé à une
certaine distance du soleil par l'é-
lectricité solaire pour y faire ses
évolutions: de laquelle distance il
ne pourra s'écarter non plus que Saturne pour aller se placer ailleurs
sans une cause extraordinaire, qui
me semble ne pouvoir être autre
chose qu'un miracle.

Mon systême de l'électricité solaire s'accorde donc très bien avec
l'ordre local des Planettes, dont
Newton ne peut assigner aucune
cause physique, & rend raison des
phenoménes qu'il présente. Desorte
que ceux qui admettront ce systême
ne seront plus surpris devoir les
Planettes fixées à différentes distan-

ces du soleil, puisqu'ils connoîtront
la cause physique de cet ordre, de
leur voir parcourir avec tant d'harmonie leurs orbites différentes sans
jamais se déranger de leurs cours.
Ils sauront, je ne dirai plus seulement, que telle est la volonté du
Créateur; mais que telle est l'action
des ministres ou des agens de la
nature, qui doit nécessairement operer ces phénomènes tels que nous
voyons, sans permettre aucun désordre dans l'ensemble que nous of-
frent leurs amirables accords.

Réflexions.

Selon le système de Newton,
comme l'ordre local des Planettes
n'est entretenu que par l'équilibre parfait entre l'effort centrifuge & l'effort centripete : Il est clair que,
comme je l'ai deja fait voir, la
moindre chose pouvant rompre cet
équilibre détruiroit l'harmonie de

l'univers. Si une Planette dans ce
systême venoit à être tant soit peu
dérangée de la ligne de son orbite,
pour lors l'équilibre rompu ne pouvant plus la maintenir en place, il
faudroit que cette Planette, ou al-
lat se perdre dans l'espace, ou se
précipitat sur le Soleil, selon la maniere dont auroit eu lieu la rupture
de cet équilibre. Un tel méchanisme
de causes actives feroit de notre
monde planettaire une machine bien
fragile, & j'oserois même dire la
plus fragile des machines, puisque la
moindre chose pourroit en détruire
les accords. Car en effet qu'une
Comete, comme cela peut arriver,
puisque cela arrive effectivement,
vienne à passer par notre monde planettaire, son attraction se fera sentir
du moins a quelqu'une des Planettes.
Cette attraction de la Comete
rompant pour cette Planette l'équilibre entre l'effort centrifuge & l'effort centripete la déplaceroit de son

orbite. Cette Planette pour lors ou iroit se perdre dans l'espace, ou iroit se précipiter sur le Soleil, détruiroit la régularité du mouvement de cet astre & entraîneroit dans sa ruine toutes les autres Planettes. Je vais le démontrer.

Une Planette venant à précipiter sur le soleil entraîneroit la ruine de tout notre systême planettaire.

QU'UNE Planette vienne à se précipiter sur le Soleil pour la raison que je viens d'exposer. D'abord elle dérangera son mouvement diurne; car se fixant sur lui dans une partie quelconque de sa surface, elle changera nécessairement son centre de gravité en s'incorporant à lui pour ne former qu'un seul tout Ce tout n'étant plus sphérique ne pourra plus exécuter les mêmes mouvemens qu'auparavant, c'est-à-dire avec la même régularité. Ensuite l'attraction de cet astre augmentée proportionnellement à la nouvelle masse, ne pourra plus faire équilibre avec les efforts centrifuges des autres Planettes, auxquels elle deviendra supérieure. Ces Planettes seront donc pour cette raison derangées de leurs orbites, qu'elles ne pouront plus décrire étant plus attirées par le Soleil qu'elles ne sont repoussée de cet cet astre par l'effort centrifuge. Elles devront donc se précipiter sur le Soleil & mettre fin à l'harmonie de nôtre univers. D'après cela qui pourroit trouver quelque sécurité dans nôtre monde en admettant ce systême qui présente des dangers si pressans & si peu éloignés de nous. Dans quelles inquiétude ne devroit on pas vivre continuellement si l'on étoit certain que le systême de Newton fut réellement le systême de la nature, & peut on blamer les insomnies & les agitations de nos uranies modernes

R 3

à l'approche d'une Comete.

Il n'en fera plus ainſi des l'inſtant où l'on aura bien voulu admettre mon ſyſtême de l'électricité ſolaire; car les Planettes pour lors retenuës dans leurs orbites par leur propre nature, ne pourront s'en écarter pour quelque cauſe que ce puiſſe être, ſans un miracle exprès qui changeroit, ou leur nature, ou celle de l'électricite ſolaire. Que dis-je? Non ſeulement les Planettes ne pourront plus être dérangées de leur cours, mais quand même elles le ſeroient par l'approche d'une Comete, par exemple, elles reprendroient la régularité de leur marche dès l'iſtant où l'influence de la Comete ceſſeroit, comme il arrive effectivement dans ces circonſtances. Les Phenoménes qui ſe font pour lors obſerver en portant des coups mortels au ſyſtême de Newton, deviennent au contraire démonſtratifs en faveur du mien; c'eſt ce que j'espere faire voir en traitant des Cometes, car ne je traiterai ici que de l'impossibilité de la chûte des Planettes sur le Soleil, & de leur choc entr'elles.

La multiplicité des objets qui mereftent encore à traiter pour terminer cet ouvrage de maniere à donner une idée satisfaisante de mon système nouveau sur la cause efficiente du mouvement des Planettes & des Cometes, ne pouvant me permettre de renfermer dans une seule division cette seconde partie, je previens le lecteur que je la diviserai en trois parties indépendamment du premier plan que je m'étois d'abord proposé, dont l'une est celle que je traite préfentement, qui contiendra tout ce que je me propose maintenant de dire sur le mouvement des Planettes du premier ordre & du Soleil. Dans la seconde soudivision je traiterai du mouvement des Cometes, de leurs queues & de la plus parts des phenoménes que nous préfentent les évolutions extraordinaires de ces aftres. Enfin je donnerai dans la derniere foudivifion l'explication du mouvement des Planettes du fecond ordre, que je déduirai toujours des même principes. Mais je ne prefenterai ces deux dernieres foudivifions que lorsque l'acceuil fait à la premiere n'aura donné la confiance d'en continuer le travail.

Les Planettes ne peuvent point tomber fur le soleil.

Je dis que les Planettes ne peuvent point tomber fur le Soleil ; cela eft clair fi l'on admet mon fyftême de l'électricité folaire. Pour que les Planettes puiffent tomber fur le Soleil, il faut néceffairement qu'elles continuent d'être attirées par cet aftre ; comme il en arriveroit, félon le fyftême de Newton, fi une

Planette venoit à être déplacée de son orbitre par une rupture d'équilibre, qui auroit eu lieu en faveur de l'attraction ou de la force centripete. Mais, selon mon systême de l'électricité solaire, cette continuelle attraction ne peut point dutout avoir lieu ; car les Planettes, en s'approchant du Soleil lorsqu'elles en sont attirées, se chargent d'une partie de fluide électrique solaire, qui s'accumule sur elles pendant leur mouvement approximatif, jusqu'à ce quelles en soient saturées seulement, mais pas davantage : & cette saturation ayant une fois lieu, il n'y a plus pour elles d'attraction. Elles éprouvent au contraire pour lors une répulsion qui les éloigne du Soleil. De cette sorte, on auroit beau supposer que les Planettes seroient heurtées par des Cometes, déplacées de leurs orbites, ce qui ne peut avoir lieu, comme je le ferai voir plus tard, les Cometes ne pouvant

heurter les Planettes &c. ; il sera
toujours impossible que les Planettes
tombent sur Soleil. Tout ce qui
pourroit leur arriver dans le cas
où une impulsion les dirigeroit
vers cet astre, ce seroit de l'approcher de plus près que d'ordinaire,
pour s'en éloigner ensuite, & reprendre en peu de tems leurs course
habituelle. On pourroit, par exemple, supposer une impulsion assez
forte pour porter les Planettes jusqu'à
choquer le corps du soleil. Dans ce
cas, je l'avoue, une Planette pourroit indépendamment de ce que je
viens de dire, être ditte en quelque sorte tombée sur le Soleil; mais
comme elle s'en éloigneroit soudain
emportée par la répulsion, cette
chûte ne seroit qu'instantannée, &
mériteroit plutôt le nom de choc
que celui de chûte, qui me paroit
annoncer que la Planette resteroit
sur le Soleil; ce qui n'auroit lieu
n'y dans l'un n'y dans l'autre des cas

que je viens de suppoſer.

Aucune Planète ne pouvant donc, à proprement parler, tomber ſur le Soleil, n'y ſe fixer ſur cet aſtre, pour les raiſons que je viens d'expoſer: il eſt plusque probable que, quand bien même une impulſion telle que celle dont je viens de parler, auroit lieu, & porteroit une Planette avec aſſez de force vers le ſoleil pour le lui faire heurter; il ne pourroit jamais réſulter d'un ſemblable choc, que des dérangemens momentanés, qui ſe rétabliroient facilement ſans entraîner la ruine entiere de notre univers, commme je l'ai fait voir qu'il en arriveroit dans ce cas, ſi le ſyſtême de Newton étoit le ſecret de la nature.

L'ordre local des Planettes ne peut pas changer.

L'ORDRE local des Planettes, dis-je, ne peut pas changer. Cette autre vérité est encore un corollaire des articles précédens. J'entends par cette donnée, qu'une Planette quelconque ne peut abandonner l'orbite qui lui a été assignée au tems de la création par l'être des êtres. De cette sorte Saturne, par exemple, dans l'hypothese où il se trouveroit miraculeusement transporté en la la place de Mercure ou de toute autre Planette, ne pourroit rester en cette place pour parcourir l'orbite de Mercure ou de cette autre Planette : Mercure, ou toute autre Planette également, ne pourroit dans l'hypothese où elle seroit transportée en la place de Saturne, parcourir l'orbite de Saturne.

Enfin j'entends généralement par cette donnée qu'aucune des planettes, (qu'on suppose celle que l'on voudra) ne peut décrire d'autre orbite que la sienne propre, & que dans les hypothese où elle se trouveroit transportée miraculeusement plus loin ou plus près du Soleil, elle ne pourroit décrire d'orbite relative à ces points étrangers pour elles ; mais les abandonneroit nécessairement toujours pour venir reprendre sa place naturelle, ses fonctions propres, & parcourir, avec l'harmonie qui lui appartient, l'orbite qu'elle doit décrire, selon l'ordre de la nature.

De Saturne.

QU'ON suppose Saturne transporté dans la place de Mercure, miraculeusement comme je viens de le supposer ; desorte qu'il y soit en repos. Cette Planette qui jouit d'une saturabilité infiniment trop facile pour avoir besoin de se trouver dans un point de l'athmosphere électrique solaire ou le fluide qui la compose se trouve aussi énergique & aussi dense qu'en la place de Mercure, cette Planette dis-je se trouvera donc à l'instant saturée, & je me permettrai même de dire sursaturée & de beaucoup sursaturée d'électricité solaire : elle éprouvera donc en conséquence de cette sursaturation une répulsion puissante, qui aussitôt la chassera de la place de Mercure en l'éloignant du Soleil par un mouvement rétrograde qui ne cessera de l'emporter, que lorsqu'elle sera poussée assez loin du Soleil pour pouvoir se décharger de la quantité surabondante de fluide électrique solaire qu'elle contient. Or comme cette décharge de Saturne à cause de la facile saturabilité, ne pourra s'operer que lorsque cette planette sera parvenue à

un éloignement du Soleil à peu près
égal à celui de son aphelie, qui est
l'éloignement néceffaire ; il s'enfuit
que saturne fera repouffé jufques
dans fon orbite, & qu'il ne ceffera
de s'éloigner du Soleil, que lors
qu'étant parvenu à un point auffi
éloigné de cet aftre que l'eft celui
de fon aphelie, qui eft la feule
diftance à laquelle il puiffe fe décharger fuffifamment, il fe trouvera
affez déchargé pour devenir fufcep-
tible d'une feconde attraction. Puis,
comme Saturne, par cette nouvelle
attraction, ne fera plus dirigé vers
le Soleil que felon les loix de fa fa-
turabilité, au lieu de retourner en
la place de Mercure, il ceffera de
s'approcher de cet aftre dès l'inftant
qu'il en fera parvenu à une diftance
égale à celle de fon perihélie, qui
eft le point où il fe trouve fuffifamment faturé pour éprouver une répulfion ; deforte qu'il le trouvera
replacé dans fon orbite, & qu'il

sera forcé de la parcourir sans pouvoir désormais s'en écarter, à moins qu'on ne suppose du dérangement dans les loix électriques de différente saturabilité, que j'ai développées dans l'un des articles précédens.

Il pourroit arriver, par exemple, que les points de l'aphélie & du périhélie de Saturne se trouveroient dérangés de leurs place & changés relativement à ceux des aphélies & des périhélies des autres Planettes. Mais, outre qu'un semblable désodre ne devroit pas être d'une conséquence bien effrayante pour notre univers, je doute s'il pourroit être de longue duré; car je suis persuadé que l'influence mutuelle que les Planettes, & peut-être ainsi les Cometes, exercent réciproquement les unes sur les autres, rétabliroient en peu de tems ce dérangement, rameneroit les points d'aphélie & du périhélie de cette Planette en leur place naturelle; desorte que l'harmonie

monie céleste redeviendroit absolument la même que nous la voyons aujourd'hui. Je me fonde en cette opinion sur la persuasion dans laquelle je suis, qu'il faut nécessairement qu'il existe entre les corps célestes des rapports harmoniques, qui indépendamment de l'électricité solaire contribuent à maintenir l'ordre de l'univers.

Ces rapports harmoniques détruits par le déplacement d'une Planette, tendant selon le vœu de la nature à se rétablir, deviendroient, selon moi, les agens du retablissement de l'harmonie de leur ensemble, & remédieroient au désordre dont je viens de parler.

De Mercure.

SUPPOSONS au contraire que Mercure se trouve transporté en la place de Saturne. Cette Planette

S

qui jouit d'une saturabilité beaucoup
plus difficile que Saturne, ne pourra
se saturer d'électricité solaire à une
aussi grande distance du soleil que
celle qui en sépare Saturne : car ce
fluide se trouve à une semblable
distance du soleil, beaucoup trop
rare pour pouvoir s'accumuler sur
les corps de Mercure en assez grande
quantité pour le saturer, & opérer
la répulsion : c'est pourquoi il sera
continuellement attirée par l'électricité solaire vers le soleil, s'approchera continuellement de cet astre,
jusqu'à ce qu'il en soit assez proche
pour se trouver en un point où l'é-
lectricité solaire soit assez deuse &
en quantité assez considérable pour
le saturer. Comme cette densité
convenable de l'électricité solaire
pour la saturation de Mercure ne se
trouve qu'à la seule distance où il
en est présentement, il faudra nécessairement que cette Planette ré-
tourne en la place qui lui a été assi-

gnée par le créateur, pour y décrire
conséquemment son orbite, telle
quelle la décrit aujourd'hui. Effectivement elle ne pourra se saturer
d'électricité solaire qu'en parvenant
à une distance du soleil égale à
celle de son périhélie. Il faudra donc
qu'elle rentre dans son orbite. Ensuite, sa saturation une fois opérée,
elle ne pourra s'éloigner du soleil
par la répulsion qui en résultera,
qu'à une distance semblable à celle
de son aphélie. Elle rentrera donc
en tout dans ses prérogatives naturelles, en reprenant son cours ac-
coutumé, pour nous présenter exactement les mêmes phénomènes que
ceux que laisse observer cette Planette, &c.

Il est donc vrai de dire que,
comme je l'ai avancée, l'ordre local des Planettes ne peut changer,
c'est-à-dire, qu'aucune Planette ne
peut abandonner la place qui lui a
été assignée au tems de la création,

n'y décrire d'autre orbite que celle qui lui a été deſtinée, comme la plus convenable à l'harmonie de l'univers.

Coróllaire.

D'après cela, il me paroit aſſez raiſonnable de croire que, quand bien même, par un événement extraordinaire, qui me ſemble chimérique, toutes les Planettes, & même les Comètes, viendroient à être dérangées dans leur cours, chaſſées de leurs orbites; il ne faudroit pas pour cela déſeſpérer du ſalut de l'univers, car tous ces corps céleſtes, aulieu de ſe précipiter ſur le Soleil, ou de ſe perdre dans l'eſpace, comme il en arriveroit indiſpenſablement ſelon le ſyſtême de Newton, reprendroient vraiſemblablement, après un certain tems d'erreur, leurs places reſpectives dans le même ordre qu'elles les occupent aujourd'hui,

pour remplir les diverses fonctions
dont nous les voyons s'acquitter,
en parcourant les mêmes orbites
&c. De cette sorte, un semblable
dérangement, au lieu d'entraîner nécessairement la ruine de tout l'univers, ne produiroit qu'un désordre
passager, auquel succéderoit bientôt la même harmonie merveilleuse
que nous admirons dans son ensemble.

Les Planettes ne peuvent pas se perdre dans l'espace.

NON seulement les Planettes ne
peuvent pas se précipiter sur le Soleil, comme cela pourroit arriver
selon le systême de Newton, mais
aussi elles ne peuvent pas non plus
se perdre dans l'espace, comme il en
arriveroit selon ce systême, si elles
venoient a être chassées au dela de
leur orbite par le choc d'une Co-

mete. En effet qu'on suppose qu'une Comete venant à heurter une Planette dans sa course, cequi ne peut arriver, la chasse audela de son orbite. Cette Planette ayant reçu du choc de la Comete un mouvement d'impulsion qui la fait changer de lieu en la retirant du Soleil, pourra bien s'éloigner pour un tems de cet astre, mais non pas pour toujours; car des l'instant qu'elle sera parvenue à une distance plus grande que celle de son aphélie, elle ne cessera d'éprouver continuellement de l'électricité solaire, une attraction qui fera sans cesse effort pour la ramener vers cet astre. Cet effort persistant toujours enlevera à chaque instant a la Planette une partie de son mouvement d'impulsion, jusqu'à ce qu'elle l'ait entierement détruit; ce qui ne peut manquer d'avoir lieu tôt ou tard, selon que l'impulsion aura été plus ou moins violente. Le mouvement d'impulsion détruit, la

Planette sera pour lors attirée vers le Soleil de la maniere que j'ai décrite en traitant du périhélie & de l'aphélie, reprendra sa place pour rentrer dans l'ordre de la nature, en rétablissant l'harmonie de l'univers que je suppose dérangée par sa désertion ; car à peine seroit elle rentrée dans son orbite qu'elle recommenceroit son cours pour exécuter avec la même régularité qu'auparavant ses diverses évolutions autour du Soleil. Elle n'iroit donc pas se perdre dans l'espace, comme il en arriveroit selon le systême de Newton, la rupture d'équilibre entre l'effort centripete & l'effort centrifuge ayant une fois lieu en faveur de ce dernier. D'où je concluds que si mon systême n'a point d'avantages physiques sur celui de Newton, il en aura du moins de moraux ; puisque d'après cela nous n'aurons plus à craindre, n'y la désertion de de notre Planette, n'y celle des

autres qui pourroit occasionner des
désordres dans notre monde, n'y
la chute d'aucune de ces Planettes
qui entraineroit nécessairement sa
ruine entière, comme je l'ai deja
fait voir ; si d'ailleurs les avantages
physique se joignent à ces avantages
moraux, comme cela est, n'aura-
t'on point une double raison de le
préférer. Effectivement un univers
animé, selon mon système, ne don-
neroit plus de sécurité pour l'avenir,
que parce qu'il présenteroit une
machine plus parfaite, moins su-
jette aux dérangemens, que celle
que présenteroit le même univers
animé selon le système de Newton.
Il y a donc une double raison de
croire que la préférence doit avoir
lieu en ma faveur.

Les Planettes ne peuvent pas se précipiter les unes sur les autres.

LES Planettes ne peuvent pas se précipiter les unes sur les autres : ceci est tout naturel. Aussi suis-je persuadé qu'il n'est point d'électricien qui d'après les articles précédens n'en ait deja déviné la cause. Les Planettes donc ne peuvent se précipiter les unes sur les autres, parce que deux corps semblablement électrisés ne peuvent se joindre à cause de la répulsion mutuelle qu'ils exercent l'un sur l'autre : or les Planettes qui toutes se trouvent plongées dans la même atmosphere électrique solaire, doivent, sans doute, se charger toutes de la même électricité solaire, former conséquemment des corps semblablement électrisés, se repousser mutuellement, comme le font deux bales de liege pareille-

ment chargés positivement ou néga-
tivement. De cette forte quand bien
même par une cause quelconque
une Planette viendroit à être portée
contre une autre jusqu'au point de
contact, c'est - à - dire, jusqu'à la
heurter, ce qui ne peut arriver, jamais cette Planette ne pourroit se
fixer auprès de l'autre ; car elle en
feroit aussitôt repoussée après son
choc en vertu de la répulsion & ré-
chassée en sa place, tandis que la
Planette heurtée dérangée de son
cours tendroit à se rétablir en sa
place & à reprendre ses évolutions
accoutumées ; de maniere que d'un
pareil choc hypothésique, il résulteroit non la ruine totale de l'univers,
comme il en arriveroit selon le sy-t
de Newton ; mais bien un dérangement instantané, qui n'auroit lieu que
pour les deux Planettes choquante
& choquée : ce qui rendroit un pareil choc, dans le cas où il pourroit
arriver, infiniment moins appréhen-
sible.

Je dis que selon le système de Newton, le choc de deux Planettes occasionneroit la ruine de l'univers entier. Cela est vrai, & la moindre attention peut le faire comprendre. Selon le système de Newton, une Planette venant à en choquer une autre, ces deux Planettes se fixeroient l'une auprès de l'autre en vertu de l'attraction dont elles jouissent, laquelle attraction tendant à confondre en un seul leurs deux centres d'attraction, les enchaîneroit ensemble de manière à n'en plus former qu'un seul corps. Ce seul corps attiré par le Soleil avec une énergie nouvelle proportionnée à son augmentation de masse, se précipiteroit nécessairement sur le Soleil, car l'équilibre entre les efforts centrifuge & centripete ne pouvant plus avoir lieu se trouveroit rompu en faveur de ce dernier. Ensuite le Soleil a son tour augmenté de la quantité de ces

T 2

deux corps de Planettes tombées sur lui, ayant aussi proportionnellement augmenté en vertu attractive, attireroit pour lors plus énergiquement les autres Planettes qu'auparavant, ainsi que les Cometes. L'équilibre entre les efforts centripete & centrifuges seroit donc aussi rompu pour elles, & la rupture d'équilibre auroit lieu en faveur de l'effort centripete, qui seroit seul augmenté en énergie, l'effort centrifuge n'ayant rien gagné. Elles se précipiteroient donc toutes également tant Planettes que Cometes sur le corps du Soleil, en se rassemblant confusément sur sa surface. L'univers entier seroit donc détruit & bouleversé de fond en comble par le dérangement d'une seule Comete, ou d'une seule Planette. Dans quelles frayeurs ne devroient pas continuellement vivre les Newtoniens, puisque la perte générale de l'univers entier ne dépend que d'un seul

équilibre si facile à rompre. Pour
moi que la mobilité défavorable de mes organes sensibles ,
rend souvent victime d'une trop
grande irritabilité , j'avouerai fran-
chement que ne seroit ce que pour
cette raison , je préférerois toujours
mon système a celui de Newton ,
qui me laisseroit trop d'inquiétudes
sur le futur de notre existence.

Les Planettes ne peuvent s'écarter de
leurs orbites propres pour en dé-
crire d'autres.

LEs Planettes, dis-je, ne peuvent
s'écarter des orbites que l'être suprême leur à assignées à parcourir.
Cette vérité n'est qu'un corollaire
de l'un des articles précédens. Les
Planettes pour s'écarter de leurs
orbites propres , ou s'écarteroient en
se rapprochant du Soleil , ou s'é-
carteroient en s'éloignant de cet

astre. Considérons ces deux cas séparément.

Premiérement, les planettes ne peuvent s'écarter de leurs orbites en se rapprochant du Soleil, c'est-à-dire s'en approcher davantage qu'elles ne le font dans leur périhélie : car comme elles sont pour lors parfaitement saturées d'électricité solaire, elles ne sauroient parvenir plus près de lui, puisqu'elles en sont éloignées par la répulsion résultante de leur saturation, qui les rechasse loin de cet astre.

En second lieu, elles ne peuvent s'écarter de leurs orbites en s'éloignant du Soleil, c'est-à-dire s'en éloigner plus qu'elles ne le font dans leur aphélie. Dès l'instant que les planettes sont parvenues au point de leur aphélie, suffisamment déchargées d'électricité solaire, la répulsion cesse d'avoir lieu pour elles, se trouve remplacée par l'attraction qui lui succéde, ramene les planettes

vers les Soleil en leur imprimant un
mouvement contraire à celui de la
répulsion, & les empêche de s'éloigner davantage de cet astre. De
cette sorte cette double action de
l'électricité solaire, l'attraction &
la répulsion, forme une chaîne pour
ainsi dire, qui retenant fixément les
planettes dans les orbites qui leur
ont été assignées à parcourir par le
créateur, sans jamais permettre
qu'elles s'en écartent & qu'elles
puissent présenter aucuns désordres
réels dans l'harmonie de leur cours.

Du mouvement diurne du soleil.

LES Astronomes de nos jours s'accordent, tous, je crois, à admettre
pour le Soleil un mouvement de rotation sur lui même autour de l'un
de ses diametres, qu'on peut conséquemment appeller son axe, &
je l'appelle moi ce mouvement de

rotation mouvement diurne du Soleil. Ce mouvement diurne du Soleil qui s'exécute en vingt - cinq de
nos jours environ, présente encore
un phénomène de l'électricité solaire,
dont il est très facile de rendre raison en admettant mon système dont
il fait partie. Je dis qu'il fait partie
de mon système, car quand bien
même il n'en auroit encore été nullement question dans notre astronomie, il seroit naturel de le déduire
des explications que je viens de
donner des causes efficientes du
mouvement des Planettes &c. Ce
~~mouvement donc est, selon moi~~,
un effet de la réaction de l'électricité solaire, qui n'a pu communiquer aux planettes & aux Cometes
des mouvemens diurnes & progressifs, sans qu'il en résultât un mouvement particulier pour le Soleil lui
même. En raison de sa masse & de
sa densité cet astre n'a pu recevoir
de mouvement progressif de la ré-

action des autres astres, qu'il à forcés de tourner autour de lui; c'est pourquoi il n'en a reçu qu'un mouvement diurne apparent qui est celui que lui apperçoivent les Astronomes. Il pourroit outre ce mouvement diurne qu'on lui connoit, qui est une révolution sur lui même en vingt-cinq jours environ, avoir encore un autre mouvement par lequel il s'écarteroit du centre de l'univers, d'un côté ou de l'autre & plus ou moins selon la différente disposition des planettes & des Cometes entr'elles, dont les diverses actions en influant chacunes particulierement sur cet astre, doivent aussi contribuer à empêcher son mouvement progressif. Ce mouvement qui à deja été attribué au Soleil, ne m'est pas assez connu pour que je puisse en rien dire de plus : c'est pourquoi je vais passer tout de suite à la considération de sa figure que j'ai prétendu devoir être elliptique comme celle de la terre.

De la figure du soleil.

LE Soleil, ai-je dit, plus haut ne forme point un globe parfaitement sphérique, mais un sphéroidal semblable à celui de la terre : deforte que cet astre se trouve avoir, selon moi, deux applatissemens semblables en deux points opposés, qu'on appelle poles pour la terre & qu'ou pourroit aussi appeller pareillement poles pour cet astre. Il à donc par suite de cette disposition un renflement semblable à celui de notre globe vers l'équateur, qu'on pourroit pour lui nommer, comme pour la terre, renflement équatorial. Je déduis cette figure du Soleil de son mouvement diurne. Selon les Astronomes ce mouvement s'opere régulierement selon le même plan, que je regarde moi comme le plan de son équateur. J'entends par ce mot

équateur le plus grand cercle qui
puisse être tracé sur son contour.
Effectivement si cet astre se trouvoit former un globe parfaitement
sphérique, il n'y auroit aucune raison pour laquelle il tourneroit si régulierement selon le même plan ;
car il en devroit évidemment être
a son égard comme à l'égard de la
terre : il devroit donc ainsi que la
terre, comme je l'ai fait voir a son
article, s'il se trouvoit sphérique,
tourner tantôt en un sens tantôt en
un autre & ne pas nous offrir un
mouvement de rotation aussi regu-
lier que celui que lui assignent les
Astronomes de nos jours. Je crois
nos Astronomes trop bons obser-
vateurs pour se tromper en un point
de connoissance si peu difficultueux,
& trop peu intéressés à tromper
pour qu'on puisse raisonnablement
les soupçonner d'avoir voulu le
faire. Il faut donc qu'il soit conformé comme la terre, puisqu'il à un

mouvement si régulierement semblable a celui de ce globe. Ainsi d'après cela n'est-il pas naturel de conclure que le mouvement diurne du Soleil par sa régularité démontre que cet astre ne forme point un globe parfaitement sphérique, mais un sphéroidal semblable au globe terrestre, qui a comme lui les poles opposés & son renflement équatorial.

Je ne prétends pas que l'axe du Soleil ou celui de ces diamêtres autour duquel il tourne, soit dans les mêmes proportions avec ses diamêtres équatoriaux, que l'est celui de la terre. Il est évident que ces proportions peuvent être toutes différentes, aussi je veux seulement établir que le Soleil forme un ellipsoidal plus ou moins approchant de celui de la terre.

Du plan selon lequel doit avoir lieu le mouvement diurne du soleil.

LE Soleil formant comme la terre un ellipsoïdal applati en des points opposés que j'appelle ses poles, renflé entre ces poles comme notre terre l'est vers son équateur ; il est clair que son mouvement de rotation diurne doit nécessairement avoir lieu selon le plan du plus grand cercle qui puisse être tracé sur son contour, lequel cercle doit être tracé sur son renflement. La raison de cela est la même qui détermine le mouvement diurne de la terre à avoir lieu pareillement selon le plan de son équateur & que j'ai détaillée plus haut : aussi ce n'est pas là ceque je me propose de considérer ici, mais bien le rapport de ce plan de mouvement avec les plans des orbites des Planettes & des Cometes. Le mouvement diurne du Soleil est viens-je de dire un effet de la réaction de l'électricité solaire, ou plutôt de la double action de cette électricité. Le mouvement diurne du Soleil étant un effet de la double action de l'électricité solaire entre cet astre & les Planettes : il doit donc se trouver une relation essentielle entre ce mouvement & la position des Planettes. Or les Planettes se meuvent dans une bande qu'on appelle le zodiaque dans laquelle elles forment des orbites dont les plans sont plus ou moins inclinés les uns aux autres & s'entre coupent donc en formant entr'eux des angles plus ou moins aigus. Le Soleil dont le mouvement depend de tous ces astres doit donc se mouvoir selon un plan mediaire aux plans de tous ces orbites, c'est-à-dire, à peu de chose près ; car la différence des masses des Planettes peut fort bien le faire incliner d'un côté plutôt que de l'autre. Desorte que nous devons d'après cela voir le Soleil tourner sur lui même réguliérement selon le plan de son équateur, & voir conséquemment les taches que l'on observe sur sa surface avancer d'orient en occident ou d'occident en orient.

De la surface que le soleil présente.

IL est tout simple de conclure d'après ce que je viens de dire que le Soleil nous présente son équateur selon le plan duquel a lieu son mouvement diurne : desorte que cet astre ayant son mouvement diurne d'orient en occident ou d'occident en orient, il est très clair que son axe doit par sa disposition répondre du nord au sud, avoir les deux poles de ces deux côtés &

présenter un parallellisme plus ou moins parfait avec l'axe de la terre.

Si la nature nous présente effectivement tous ces phenoménes, que conclure d'un si juste accord de mon systême avec toute cette harmonie céleste. C'est ceque je laisse présentement à juger a mes lecteurs; car, ce me semble, ce jugement que je ne crois pas fort embarassant, ne sauroit gueres lui être défavorable.

Nature du mouvement du soleil.

SI le mouvement diurne du Soleil se trouve être comme je viens de le dire, un resultat de la double action de l'électricité solaire entre cet astre & les Planettes &c. Ce mouvement j'ose le dire & même l'assurer d'après cette seule considération, ne doit point être un mouvement toujours uniforme, mais un

mouvement

mouvement variable, c'est-à-dire, tantôt s'exécutant avec plus de vitesse, tantôt avec moins de vitesse, selon que diverses circonstances permettent à l'action des Planettes sur cet astre, d'être plus ou moins énergique & d'avoir leurs effets d'une maniere plus ou moins efficace.

Ceci considéré, il me semble 1°. que ce mouvement doit s'exécuter avec plus de vitesse lorsqu'un plus grand nombre de Planettes se trouve dans le périhélie ; car si pour lors ce qui arrive effectivement, les Planettes se meuvent elles mêmes avec plus de vitesse, il est plus que probable, selon moi, que le Soleil doit aussi se mouvoir plus rapidément ; puisque son action sur elles étant plus efficace dans ces circonstances, la réaction qu'elles exercent sur lui à leur tour doit l'être également. 2°. que ce mouvement doit au contraire se trouver plus

V

lent lorsque les Planettes se trouvent en plus grand nombre dans leur aphélie : parce que leur diminution de vitesse dans ce second cas, annonce d'une manière persuasive qu'elles reçoivent une moindre action du Soleil : d'où il me paroit naturel de conclure qu'elles doivent aussi dans cette circonstance avoir à leur tour une réaction moins efficace sur lui. 3°. Que le mouvement diurne du Soleil doit encore augmenter en rapidité lorsque quelque Comète se trouve dans son périhélie ; car comme les Cometes approchent cet astre de beaucoup plus près que ne le font les Planettes, elles en reçoivent une activité d'action infiniment plus énergique ; elles doivent elles mêmes réagir à leur tour sur lui avec une efficacité beaucoup plus grande. Cette influence de l'action des Cometes sur le mouvement du Soleil, pourroit fort bien être en-

core augmentée par la nature même
de la matiere des Cometes, comme,
par exemple, par la plus grande
densité de cette matiere, puisque
les Cometes sont prétend-t'on d'une
solidité beaucoup plus considérable
que les Planettes.

Enfin le mouvement diurne du
Soleil peut varier en vitesse dans
une infinité de circonstances, dont
il seroit fort inutile de multiplier
les citations; d'autant plus que ces
variations ne doivent point être
de facile observation: c'est pourquoi je termine ici ma courte théorie du mouvement du Soleil, pour
passer à la description de mon petit
monde planettaire, ou plutôt d'une
machine à laquelle je donne ce
nom, qu'elle ne mérite que par la
comparaison que je fait de l'agent
qui l'animera, l'électricité terrestre,
avec l'électricité solaire qui anime
les Planettes & les Cometes. &c.

Petit syſtême Planéttaire.

QUOIQUE je donne a cette machine le nom de syſtême pla nettaire, il ne faut cependant pas pour cela s'attendre, je l'ai deja dit, je crois, a rien voir en lui de parfaitement reſſembla nt à ceque nous préſente le jeu de la machine céleſte; car ce ſeroit ſe tromper. J'ai ſeulement prétendu prouver la poſſibilité de faire exécuter à l'électricité terreſtre une circulation ſemblable à celle des Planettes au- tour du Soleil, qui me fait regar- der cette expérience comme dé- monſtrative en faveur de mon ſyſ- tême. Voyez figure 6.

A repréſente une cuve vue ſupé- rieurement & offrant aux yeux tout ſon orifice. Il conviendroit que ce vaſe ſoit en bois, quoiqu'il pour- roit également être de toute autre

matiere. Il servira à contenir de
l'eau en quantité suffisante pour le
remplir environ jusqu'aux deux
tiers.

B L'épaisseur des parois du vase
A qui doivent être, comme je viens
de le dire, en bois préférablement
à toute autre matiere.

C. Cercle de métal qui doit en-
vironner extérieurement les parois
du vase A. Sur ce cercle de métal
C seront attachées plusieurs petites
chaînes, qui pendront par terre
pour former autant de décharges
électriques.

DDD &c. autant de pointes de
métal qui partiront du cercle de
métal C, qui perceront l'épaisseur
des parois du vase A, pour se terminer à sa surface intérieure qu'ils
ne devront point dépasser. Ces
pointes pourroient être tout simplement des clous faits exprès, qui
pour lors attacheroient le cercle C
aux parois du vase A.

Le cercle C ne devra point être placé aux abords de vase A, c'est-à-dire à son orifice, mais à peu près aux deux tiers de sa hauteur, pour être à peu près au niveau de l'eau dont on remplira le vase A. L'on en sentira plus loin la raison.

E Sphere de métal creuse comme un récipient électrique ou si l'on veut, solide, qui aussi formera effectivement une espece de récipient. Cette sphere sera placée au centre du vase A, son diamêtre pourra porter un sixieme ou un septieme de celui du vase A, un peu plus ou ou peu moins sera une chose assez indifférente. Elle sera portée par une barre de fer qui percera le fond du vase A d'outre en outre par son milieu, de maniere que son centre se trouve à peu près dans le plan du cercle de métal C qui environne le vase A extérieuremen. Le barreau qui portera la sphere E, portera à son éxtrémité inférieure qui saillira du fond du vase A extérieurement, une petite chaîne qui communiquant a un conducteur de machine électrique établira une voie à l'é-lectricité, par laquelle cette élec-tricité parvenant à la sphere E la chargera.

F, Sphéroïdal de cire d'Espagne ou de résine indifféremment, qui sera conformé comme le globe ter-restre, c'est-à-dire, applati en deux points opposés qui en feront comme les poles & renflé entre ces poles pour représenter une élévation é-quatoriale, sur laquelle on pourra tracer un équateur. Ce sphéroïdal ne sera aucunement attaché & res-tera tout à fait libre dans l'intérieur du vase A.

ggg &c. Autant de pointes de métal qui feront implantée dans le sphéroïdal F surtout son contour, dans le plan de son équateur à peu près. Ces pointes ne devront ni se

croiser, ni se toucher, ni depasser
la surface du spheroidal audessous
de laquelle elles pourroient même
s'enfoncer sans inconvenient. Si ce
sphéroidal est composé de cire
d'Espagne, comme cette matiere
ne se soutient par sur l'eau, il faudra creuser l'un de ses poles assez
profondément pour en faire com-
une petite barque ronde, qui puisse
aisement se soutenir & flotter sur
l'eau qui sera contenue dans le
vase A. Voici toute la construction
de cette machine. Je vais présentement la considérer sous un autre
point de vue. Voyez figure 7°.

Cette figure représente le vase
A vu de côté & coupé par un plan
vertical à quelque distance de son
milieu.

A la cavité du vase. B l'épaisseur
de ses parois. C Le cercle de fer
extérieur, E le cilindre de métal qui
représente le Soleil placé au centre
du vase A. F le globe de cire d'Espagne

pagne qu'on peut conſidérer comme le globe terreſtre ou comme
toute autre Planette ſi l'on veut.
ggg &c. Les pointes de métal
enfoncées ſur ſon contour dans le
plan de ſon équateur. H Le niveau
de l'eau contenue dans le vaſe A.
II Enduit imperméable a l'électricité,
dont on recouvrira l'hemiſphere inférieur du globe E & ſemblable-
ment ſon ſupport juſqu'au fond du
vaſe A. L'effet de cet enduit ſera
d'empêcher la déperdition de l'électricité qui auroit lieu avec trop de
promptitude, ſi le globe E ou ſon
ſupport étoient en contact avec
l'eau, c'eſt pourquoi il conviendra
que cet enduit s'eleve un peu au-
deſſus de la ſurface de l'eau contenue dans le vaſe A & qu'il regne
dans toute la longueur du ſupport.
Toutes choſes ainſi diſpoſées, la
conſtruction ſera parfaite.

Lors qu'on voudra ſe donner le
plaiſir du jeu de cette machine, il

X

faudra électrifer le globe E en le
chargeant par le moyen de la chaîne
adhérente à fon fupport audeffous
du vafe A, avec une machine électrique ordinaire. Enfuite on chargera d'électricité différente le cercle
C qui regne extérieurement au vafe
A. Dans ce cas il faudra fupprimer
les chaînes de décharge dont j'ai
parlé plus haut. Lorfque ces deux
pieces, le globe E & le cercle C
feront chacunes fuffifamment élec-
trifées ; on verra le globe F s'animer
& prendre un mouvement derota-
tion fur lui même autour de fon axe,
qui par fa pofition fe trouvera vertical ; deforte que ce mouvement
aura lieu felon le plan de fon équateur, comme celui de la terre. Enfin par une fuite de ce premier mouvement de rotation, le globe F cir-
culera en tournant autour du globe
E, que je fuppofe ici, je l'ai deja dit,
repréfenter le Soleil, comme le font
les Planettes autour de cet aftre dans
le fyftême de la nature.

Il est facile de concevoir la mécanisme par lequel s'opere le mouvement de rotation du globe F ; car on voit bien , sans doute , que le globe E & le cercle C font l'office de deux bouteilles de L'eyde chargées d'électricité différentes &c.

Il y aura, comme je l'ai dit, des différences entre le jeu de cette machine & le cours des Planettes &c. Cela est clair & même nécessaire en quelque sorte, que dis-je, de toute nécessité : mais ces différences n'empêcheront pas cette expérience d'être démonstrative de mon système électrique sur la cause efficiente du mouvement des Planettes &c.

Le globe F n'aura , par exemple , ni aphélie périhélie régulierement placés , comme les Planettes. Il n'éprouvera point non plus d'accroissement alternatif & de diminution aussi alternative de vitesse, comme ces astres ; mais des variations différentes qui ne peuvent cependant prouver qu'en faveur de mon système. Il faudroit pour qu'il n'y eut aucune différence, que les globes E F se trouvassent avoir absolument les mêmes propriétés & proportions entr'eux que le Soleil & la Planette, dont on peut supposer qu'il s'agit ici ; & aussi pareillement que l'électricité terrestre eut les mêmes propriétés que l'électricité solaire. Toutes ces choses ne pouvant aucunement se rencontrer ; il est de toute impossibilité d'obtenir des effets semblables à ceux que ces causes seules peuvent produire. Il faudroit encore outre cela mêmes circonstances, c'est-à-dire même position, même liberté d'action, même disposition &c. Ce qui forme autant de modalités diverses toutes également impossibles & audessus des efforts de la sagacité humaine : aussi je n'ai jamais es-

péré donner une imitation parfaite ;
car je ne s'aurois croire que jamais
aucun mortel puiffe parvenir à o-
pérer un pareil chef d'œuvre , fans
d'autres fecours que ceux dont je
viens de parler. Je pourrai par la
fuite m'amufer de la recherche
d'une conftruction de fyftême planettaire plus nombreux ; mais je
m'entiens préfentement à celui-ci ,
qui me paroit fuffire à l'objet que
je me fuis propofé dans fa defcrip-
tion.

Il me refte encore plufieurs chofes
à traiter rélavivement aux Cometes
& aux Planettes fecondaires ; mais
comme ce mémoire me paroit affez
long , je m'en tiens là pour le préfent , me refervant de préfenter
plus tard le refte de cet ouvrage,
lorfque le fuccés de cette partie ,
felon qu'il fe trouvera plus ou
moins favorable , m'aura donné
de nouvelles forces pour en entre-

prendre le travail, que des encou-
ragemens ne pourront que me
rendre moins penible.

Fin de la Théorie du mouvement des Planettes du premier ordre
& du Soleil.

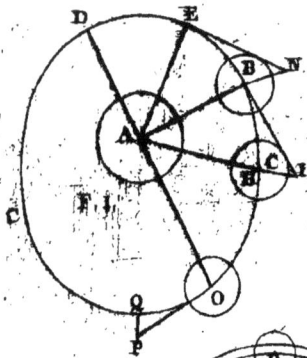

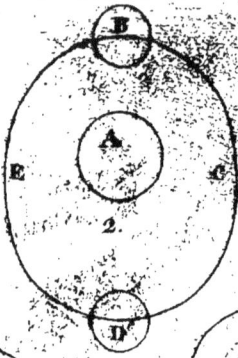

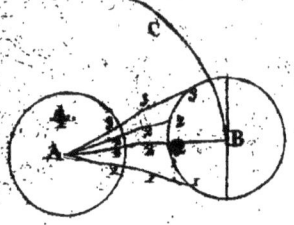

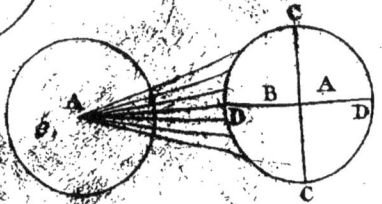

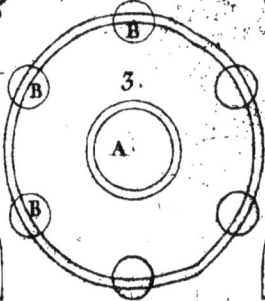

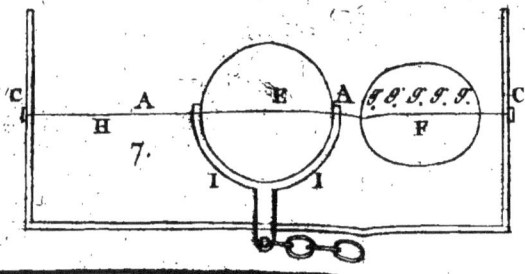

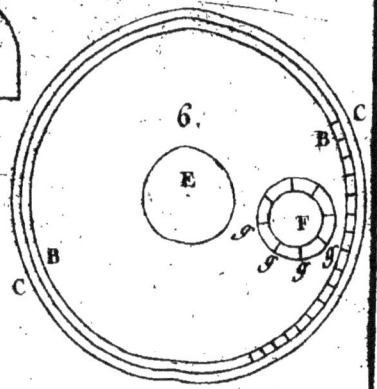